최현명 Choi, Hyun Myung

그는 무리에 합류하기를 거부하는 외로운 늑대이자 철저한 아웃사이더였다. 특별한 계기나 이유 없이, 그냥 어릴 적부터 동물이 마음속에 각인되었다고 한다. 대학과 대학원에서는 조경학을 전공했고, 사회 진출 후 몇몇 조경설계 사무소를 전전하다 1998년 대전 동물원 설계를 끝으로 조경 일을 접었다. 그후 한국동물구조관리협회에 잠시 머문 것을 제외하고는 산과 들을 찾았으며 동북아시아 이곳저곳을 헤매며 한국에서 더 이상 찾아보기 힘든 야생동물 관련 자료를 수집했다.

취미는 그림 그리기이며 특히 고양이과 동물을 즐겨 그린다. 특기는 걸으며 공상하기이고, 물가에 앉아 먹는 컵라면을 최고의 음식이라 말한다. 현재는 삵과 너구리를 관찰하는 데 많은 시간을 보내고 있으며, 아울러 사라져가는 야생동물 생태 기행에 관한 책을 구상하고 있다.

e-mail: chonyol@naver.com

야생동물 흔적 도감

야생동물 흔적 도감
— 흔적으로 찾아가는 야생동물 생태 기행

최태영·최현명 지음

2007년 1월 2일 초판 1쇄 발행
2021년 8월 2일 초판 8쇄 발행

펴낸이 한철희 | 펴낸곳 돌베개 | 등록 1979년 8월 25일 제406-2003-000018호
주소 (10881) 경기도 파주시 회동길 77-20 (문발동)
전화 (031) 955-5020 | 팩스 (031) 955-5050
홈페이지 www.dolbegae.co.kr | 전자우편 book@dolbegae.co.kr

책임편집 서민경 | 편집 윤미향·이경아·김희진·김희동
표지디자인 박정은 | 본문디자인 이은정·박정영
필름 출력 ID PIA | 인쇄 한영문화사 | 제본 경일제책

ⓒ 최태영·최현명, 2007

ISBN 978-89-7199-263-0 (06490)

이 책에 실린 글과 사진의 무단 전재와 복제를 금합니다.
책값은 뒤표지에 있습니다.

이 도서의 국립중앙도서관 출판시도서목록(CIP)은 e-CIP 홈페이지
(http://www.nl.go.kr/cip.php)에서 이용하실 수 있습니다.(CIP제어번호: CIP2006002751)

흔적으로 찾아가는 야생동물 생태 기행

야생동물
흔적 도감

최태영·최현명 지음

돌베개

머리말

이 책은 야생동물의 삶의 흔적을 설명하고 있다. 또한 책 속에는 저자인 최태영과 최현명의 지난 삶의 흔적이 담겨 있다. 어릴 적부터 유달리 야생동물에 대한 호기심이 남달랐던 두 사람의 경험을 담아내고자 하였다. 이 책을 준비하면서 그 오랜 기간의 호기심을 되살리고 싶었고, 그러한 느낌을 함께 공유할 수 있는 독자들을 꿈꿨다.

야생동물의 흔적을 찾고 그 흔적의 주인에 관한 다양한 사실을 추론하는 것은 야생동물 전문가들만의 학문 분야가 아니다. 이것은 자연과 야생동물에 대해 호기심이 많은 일반인과 어린이들의 매우 훌륭한 취미이자, 일부 전문가들에겐 최소한으로 갖추어야 할 기초 소양이다. 야생동물을 공부하든 단지 자연을 좋아하든 어떤 경우라도 숲에서 야생동물의 흔적을 찾고 그들을 상상하는 것은 누구나 누릴 수 있는 즐거움이며 숲의 진실에 더욱 다가가는 과정이다.

흔적은 실체가 떠난 후의 것이며 시간이 지나면 사라진다. 함께한 과거를 서로 다르게 간직하는 추억이 그렇듯, 남겨진 흔적을 서로 다르게 생각할 수도 있고 그때의 진실은 정해져 있지 않다. 모든 생명체는 각각의 삶이 있으며 그 삶이 남기는 흔적 역시 모두 다르다. 이 세상 어느 흔적도 엄밀히 똑같은 것은 없다. 이러한 다양성을 몇 개의 말로 단순하게 정리하는 것이 인간의 습성이며, 이 책 역시 이러한 주관적인 노력의 산물이다. 바로 이 점에서 독자들은 이 책의 한계와 매력을 느끼게 될 것이다.

이 책을 쓴 이유는 필자가 가장 잘 알고 있는 분야이기 때문이 아니라, 이번 기회에 그간의 경험과 자료를 간략하게나마 정리하기 위해서다. 따라서 이 책은 이것으로 일단락되는 것이 아니라 앞으로 계속 보완되어야 하며, 더 자세하고 유용한 내용의 책들이 많은 분들에 의해 지속적으로 출간되기를 바란다.

최현명 · 최태영
2006년 12월

일러두기

1. 이 책에서는 한반도에 서식하는 야생동물 중 포유류와 조류를 중심으로 다루었다. 포유류는 박쥐목과 바다에 사는 기각아목·고래목을 뺀 나머지 5목(目, Order) 곧 식충목·토끼목·설치목·식육목·우제목의 생태와 흔적을 다루었고, 조류는 주변에서 관찰이 가능한 일반적인 흔적을 중심으로 다루었다.
2. 이 책에 설명된 포유류의 종 목록, 분류, 학명, 국명, 영명에 대해서는 기본적으로 김장근·오홍식·윤명희·한상훈의 『한국의 포유동물』(동방미디어, 2004)을 따랐으며 본 저자의 견해에 따라 일부 수정 및 증감이 있었다. 조류의 국명과 학명은 구태회·박진영·이우신의 『한국의 새 – 야외원색도감』(LG상록재단, 2000)을 따랐다.
3. 이 책에 이용된 종별 생물학적 수치(몸무게, 수명, 임신기간 등)는 *Grzimek's Animal Life Encyclopedia* (2003)와 University of Michigan Museum of Zoology(미시건대학교 동물학 박물관), San Diego Zoo(샌디에이고 동물원), Smithsonian Museums(스미스소니언 박물관), IUCN Red List의 인터넷 자료를 기본으로 하였으며 본 저자의 견해에 따라 일부 보완이 있었다.
4. 이 책의 글은 최태영이 썼고, 그림은 최현명이 그렸다.
5. 이 책에 사용된 700여 장의 사진은 최태영과 최현명이 촬영한 것들이며, 몇몇 사진은 다음 분의 도움이 있었다.
   박형욱(p.89, 205, 261, 264, 266), 이윤수(p.85, 87, 128), 김현태(p.255, 267, 277), 이권우(p.262), 조정장(p.262), 차인환(조류 깃털 샘플 일부 제공)

contents

머리말 _ 005
일러두기 _ 006

여는 글 : 동물, 흔적, 호기심 _ 011

1부
야생동물의 흔적을 이해하기 위한 첫걸음

발자국 _ 018 | 발의 구조 _ 019 발의 분류 _ 020 발자국의 해석 _ 023 걸음걸이 _ 030 발자국 찾기 _ 037

배설물 _ 040 | 배설물의 내용 _ 040 배설물의 모양, 색깔, 양 _ 041 배설물의 냄새 _ 043 배설 습성 _ 044 오줌 _ 044

시간에 따른 흔적의 변화 _ 047 | 발자국이 남긴 흙탕물이 가라앉는 속도 _ 048 밟힌 개구리밥이 복원되는 속도 _ 048 밟힌 풀(쑥)이 일어나는 속도 _ 049 삵 똥의 변화(양지) _ 049 삵 똥의 변화(음지) _ 050

먹이 흔적 _ 051 | 초식동물의 먹이 흔적 _ 051 육식동물의 먹이 흔적 _ 054 설치류의 먹이 흔적 _ 054

털 _ 058 | 노루와 고라니의 털 _ 059 오소리와 너구리의 털 _ 060 삵과 멧토끼의 털 _ 061 멧돼지의 털 _ 062 산양과 염소의 털 _ 062

2부
짐승의 흔적

포유류란 _ 066　★종, 아종, 종 분화 _ 067

식충목 _ 068　★땃쥐와 쥐의 차이 _ 069
　고슴도치 _ 070　두더지 _ 073

설치목 _ 076
　청설모 _ 078　다람쥐 _ 082　하늘다람쥐 _ 085　그 밖의 설치류 _ 088

토끼목 _ 095　★멧토끼와 굴토끼의 차이 _ 096
　멧토끼 _ 097　생토끼 _ 103

식육목 _ 106
개과 _ 108
　너구리 _ 110　여우 _ 117　늑대 _ 122 ★개과 동물들의 발자국 차이 _ 124

고양이과 _ 127
　호랑이 _ 130 ★개과와 고양이과 동물들의 발자국 차이 _ 135　표범 _ 136　스라소니 _ 141
　삵 _ 144　고양이 _ 148　★고양이와 삵의 차이 _ 150

족제비과 _ 152
　족제비 _ 153 ★족제비 똥과 새 똥의 차이 _ 156　쇠족제비 _ 158
　오소리 _ 161　담비 _ 167　★담비와 수달의 서로 닮은 발자국을 알아보는 방법 _ 169　수달 _ 171

곰과 _ 177
　반달가슴곰 _ 179　불곰 _ 188

우제목 _ 192
　고라니 _ 193　꽃사슴 _ 201 ★꽃사슴 · 노루 · 누렁이 · 산양 · 염소의 서로 다른 뿔질 흔적 _ 204
　★고라니가 송곳니로 나무를 긁은 자국을 알아보는 방법 _ 205　★사슴과 동물들의 다양한 똥 모양 _ 206
　누렁이 _ 207　노루 _ 210　사향노루 _ 217　산양 _ 222　★염소와 산양의 차이 _ 228
　염소 _ 229　멧돼지 _ 234 ★멧돼지 똥과 반달가슴곰 똥의 차이 _ 237

3부
새의 흔적

조류란 _ 244

발자국 _ 246   **배설물** _ 255   **둥지** _ 263   **모래 목욕** _ 268
먹이 흔적 _ 270   **깃털** _ 277

부록

야생동물 흔적 관련 용어 _ 282   **야생동물 발자국 모음** _ 285
야생동물의 똥 모음 _ 292   **야생동물의 털 모음** _ 294

참고한 책과 사이트 _ 297   **학명 찾아보기** _ 299   **찾아보기** _ 300

동물, 흔적, 호기심

모든 생명체는 삶의 자취가 있다.
　생명체들 저마다의 독특한 생존 전략은 삶의 치열함과 생명의 다양성을 뜻한다. 생존 전략들은 때로는 은밀함을, 때로는 당당함을 요구하며 모든 행동에는 흔적이 남는다. 흔적은 의도적으로 남겨지기도 하고 부수적으로 생기기도 하는데, 다만 우리의 감각과 시간의 흐름이 이 모든 흔적을 알아내는 데 제약이 될 뿐이다. 하지만 호기

흔적은 호기심이 있어야 보인다. 관심이 없으면 그냥 지나칠 따름이다. 하얗게 쌓인 눈 위에 사람의 실루엣이 있다. 나보다 먼저 지나간 사람이고 여러 사람 가운데 일행이었으며 모두 눈이 온 뒤에 지나갔고 멋진 경치에 나처럼 무척 즐거워했음을 알 수 있다. 이들의 실루엣과 발자국을 좀 더 살펴보면 친구인지 연인인지, 어른인지 아이인지도 알 수 있을 것이다. 이렇듯 호기심이 충분하다면 상식적인 차원에서 흔적을 통해 많은 사실을 알 수 있다.
2003년 1월 지리산 노고단

심이 이러한 감각의 제약을 극복하고 생명체의 삶을 이해하도록 도와준다.

야생동물을 본 적이 있는가? 인류와 야생동물은 기본적으로 긴장 관계를 이룬다. 긴장감은 서로의 존재를 감지함으로써 유지되며, 호기심과 경계심을 끊임없이 불러일으킨다. 서로 호기심과 경계심을 자극하는 요소가 바로 나와 동물의 흔적이다. 흔적은 아주 다양해서 시각, 청각, 후각, 촉감 또는 직감으로 알아차리며, 추리와 경험을 통해 상황을 풀이할 수 있다. 따라서 감각과 추리력이 뛰어나고 지식과 경험이 많을수록 서로의 존재와 상황을 분명하게 알아챌 수 있다.

하지만 흔적을 이해하는 데 야생동물에 대한 전문 지식이 꼭 필요한 것은 아니다. 큰 발자국은 몸집이 그만큼 큰 동물이라는 뜻이고, 선명한 발자국은 그만큼 최근에 지나갔다는 얘기다. 똥에 풀이 섞여 있으면 초식 동물의 것이고, 뼈와 털이 있으면 육식 동물의 것이다. 사실 우리나라의 포유동물은 상당수가 절멸하여 숲에서 보고 느낄 수 있는 동물은 10여 종에 지나지 않는다. 또 흔적을 보면 대부분 간단하게 확인할 수 있다. 뒷산 산책길에 어떤 동물이 살고 있는지 아는 것은 지식에 앞서 호기심이 먼저다. 호기심은 우리 모두가 간직하고 있는 본능이기에 숲에서 여유를 갖고 주변을 관찰하다 보면 숲이 주는 새로운 즐거움을 한껏 누릴 수 있을 것이다.

흔적은 동물을 보지 않고도 이해할 수 있게 해 주며, 우리가 얽매여 있는 시간의 제약을 뛰어넘게 해 준다. 발자국은 며칠 만에 사

눈에 띈 흔적은 되도록 자세히 살펴봐야 한다. 손으로 만져 보고, 냄새를 맡아 보고, 사진을 찍고, 그림을 그려 보고, 채집하고, 주변 환경과 위치를 살피고 기록하며, 특히 동료들과 현장에서 토론하는 것은 가장 빠르게 지식을 얻고 추리력을 키우는 방법이다. 이때 조심해야 할 점은 처음 발견한 흔적에 집중한 나머지 주변에 있을 다른 흔적들을 발로 밟아 뭉개지 않아야 한다는 것이다. 노루 똥을 발견했다면 주위에 노루의 털과 발자국도 함께 있을 수 있기 때문이다.

❶ 배설물을 봉투에 넣고 있다.
2004년 5월 전남 곡성
❷ GPS를 이용해 발견된 흔적의 위치를 기록하고 있다. 2003년 3월 지리산 원사봉
❸ 흔적을 남긴 종을 명확히 알기 위해 땅에 떨어진 털을 찾고 있다. 2003년 9월 지리산 대성골

동물들에게도 길이 있다. 길은 이동할 때 에너지와 시간이 가장 적게 드는 경로인 동시에 안전함을 뜻한다. 우리는 동물들이 사람보다 더 에너지 관리에 철저하다는 것을 명심해야 한다. 절대 의미 없이 힘든 일을 하지 않는다.

2003년 9월 지리산 노고단

모든 흔적이 야생동물에 의해서만 만들어지는 것은 아니다. 동물의 흔적에만 관심을 갖다 보면 자칫 편협해지기 쉽다. 나무가 꺾이고, 땅이 파이고, 동물이 죽어 있고 하는 흔적들은 사람도 만들어 내며, 돌이 구르거나 나무가 쓰러지는 바람에 생기기도 한다. 또 새와 곤충도 흔적을 만들고, 바람과 빗물도 그렇다. 눈 위에서라면 바람에 구르는 낙엽도 발자국을 남긴다.

벼락을 맞고 잣나무 껍질이 터진 흔적. 2003년 11월 지리산 반야봉

쓰러지는 나무에 긁힌 흔적. 2002년 11월 지리산 문수계곡

흔적은 단지 사라지고 마는 것이 아니다. 흔적은 어떤 행동의 단순한 부산물이 아니다. 의도적인 흔적은 다른 동물과의 상호 작용을 일으키며, 의도하지 않은 흔적일지라도 전혀 다른 동물에게 남달리 가치 있게 쓰이기도 한다. 소똥을 굴리는 쇠똥구리와 떡따구리의 구멍을 이용하는 하늘다람쥐처럼 남겨진 흔적은 또 다른 주인을 기다리기도 한다.

멧돼지가 진흙 목욕을 하며 만들어 놓은 웅덩이에 개구리가 알을 낳았다. 멧돼지가 웅덩이를 이곳에 만들어 놓지 않았다면 개구리는 아주 먼 곳까지 옮겨 가 알을 낳아야 했을 것이다. 하지만 다행히도 멧돼지는 살아가는 동안 이런 웅덩이를 끊임없이 만들어 준다. 2003년 3월 지리산 화엄계곡

날씨를 이해하면 흔적을 더 확실하게 추리할 수 있다. 최근에 비나 눈이 언제 내렸는지, 땡볕이 드는지, 축축하고 그늘진 곳인지를 눈여겨보면 배설물이나 발자국이 언제 남겨진 것인지 구체적으로 알 수 있다. 노루나 산양의 똥이 검게 윤기가 나면 비나 눈을 한 번도 맞지 않았다는 뜻이며, 똥 위에 진흙 앙금이 조금씩 있다면 높이 쌓인 눈에 한동안 덮여 있었음을 뜻한다. 또한 잠자리의 흙이나 낙엽이 동물의 몸에 다져진 채 그대로 있다면 역시 비를 한 번도 맞지 않았다는 뜻이고, 여름철 삵이나 너구리의 똥 위에 파리와 같은 곤충이 앉아 있다면 채 하루가 지나지 않았음을 의미한다.

반달가슴곰이 밟고 간 곳에 풀이 죽어 있다. 서리가 내린 풀이 발에 짓이겨져 생긴 것으로, 대개 서리는 해 뜨기 직전에 생긴다는 점을 알고 있다면 곰이 지나간 시간을 쉽게 추정할 수 있다.
2003년 11월 전남 구례

라질 수 있으나, 똥 무더기는 몇 달이 지나도 찾아볼 수 있으며, 나무의 발톱 자국은 몇 년이 지나도 눈에 띈다. 물론 동물을 직접 맞닥뜨리는 것만큼 환상적인 경험은 아닐지라도, 내가 서 있는 숲의 동물들을 이해하는 데는 남겨진 흔적을 조사하는 것이 잠깐 동물을 목격하는 것보다 훨씬 효과적이다. 그리고 이런 이해를 바탕으로 한 호기심은 직접 동물을 관찰할 때 훨씬 더 큰 기쁨을 선물한다.

야생동물은 TV 속에만 존재하지 않는다. 아직 많은 야생동물이 우리 주변에 살고 있다. 우리가 그들을 모른다 해서 그들의 존재가 무의미해지는 것은 아니다. 하지만 개발과 파괴의 이 시대에 우리가 야생동물의 존재를 모르는 것은 안타까운 생명들을 외면하는 것이며, 이런 무관심 탓에 숱한 비극이 되풀이된다. 옛날 옛적 인간이 그랬듯이 자연에 대한 호기심을 가져 보자.

1부 야생동물의 흔적을 이해하기 위한 첫걸음

발자국

발자국은 일생 동안 끊임없이 남겨지는 흔적으로서 동물의 흔적을 이해하는 데 가장 기초가 된다. 발자국을 통해 종, 개체, 방향, 속도, 시간 따위를 알아내는 것은 추적자의 능력을 가늠하는 중요한 요소이며 많은 경험을 필요로 한다. 하지만 사냥을 목적으로 하는 것이 아니라면 발자국을 통해 어떤 동물이 어느 쪽으로 이동했는지를 아는 것만으로도 내가 서 있는 숲을 새롭게 느끼기에 충분하며, 점차 자연을 깊게 이해하도록 이끄는 훌륭한 계기가 될 것이다.

모든 동물 종은 발 모양이 다 다르며, 따라서 발자국만으로도 어떤 동물의 것인지 대부분 알 수 있다. 이것은 동물 종마다 서로 다른 생존 전략이 발 모양에 고스란히 녹아 있음을 뜻한다. 따라서 "이 동물은 왜 이런 발자국이 남겨질까?" 또는 "이런 발자국을 남긴 동물은 어떤 발을 가졌을까?" 하는 호기심이 동물의 습성을 이해하는 데 매우 중요하다.

지구상에 포유동물이 처음 나타난 때에는 모두 다리가 넷이고 발가락 다섯 개에 발톱이 달려 있었으며 발바닥으로 걸었다. 고슴도치 같은 식충류와 설치류에서 이런 모습을 볼 수 있다.

하지만 뒤꿈치를 들고 달리면 다리 길이가 길어져 보폭이 커지고 땅에 닿는 발 면적이 줄어들어 더 빨리 달릴

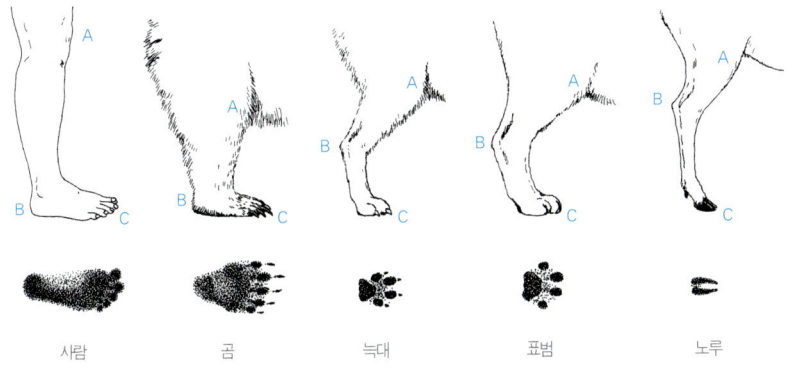

| 사람 | 곰 | 늑대 | 표범 | 노루 |

A 무릎
B 발뒤꿈치
C 발가락

수 있다. 나아가 개처럼 발가락만으로 걸으면 다리 길이가 더 길어지고, 사슴처럼 발가락 끝에 달린 발굽으로 걸으면 다리 길이가 가장 길어진다. 따라서 사슴 쪽으로 갈수록 걸을 때 쓰는 발가락 수는 줄어든다.

오소리와 곰은 발가락 다섯 개를 모두 쓰기 때문에 다리가 짧고 빨리 달리지 못한다. 그 대신에 짧지만 다부진 앞발과 긴 발톱을 발달시켰다. 늑대와 호랑이는 뒤꿈치를 들고 발가락 네 개로 달린다. 그래서 곰과 오소리보다는 빠르지만 발가락 두 개로 달리는 사슴보다는 빠르지 않다. 하지만 늑대는 먹잇감을 쫓는 지구력을, 호랑이는 날카로운 발톱을 발달시켜 약점을 보완해 왔다.

발의 구조

발가락 다섯 개가 잘 발달한 경우 다섯 발가락의 길이는 다 다르다. 발가락은 안쪽부터 1~5번으로 번호가 매겨지는데, 1번은 사람의 엄지에 해당하고 5번은 새끼발가락에 해당한다. 3번이 가장 길고 그 다음으로 4번, 2번, 5번 차례이며 1번이 가장 짧다. 곧 맨 안쪽 발가락이 가장 짧고, 맨 바깥쪽 발가락이 그 다음으로 짧다. 예를 들어 다섯 발가락이 선명하게 찍힌 발자국을 보았을 때 가장 짧은 발가락이 왼쪽 끝에 있다면 오른쪽 발의 자국

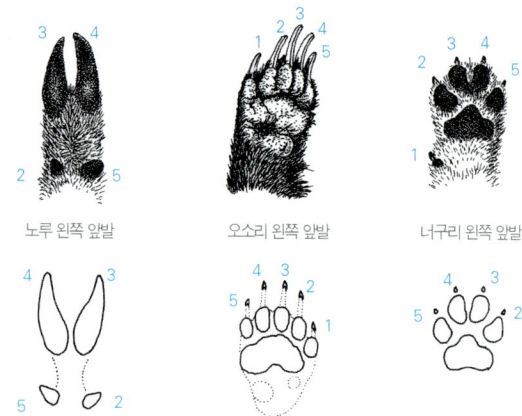

| 노루 왼쪽 앞발 | 오소리 왼쪽 앞발 | 너구리 왼쪽 앞발 |

이라는 것을 알 수 있다.

발의 분류

발은 발바닥으로 걷는 동물과 발가락으로 걷는 동물의 것으로 나눌 수 있는데, 발가락으로 걷는 동물에는 발굽으로 걷는 동물도 포함된다.

● 발바닥으로 걷는 동물의 발(척행성蹠行性, plantigrade)
발바닥으로 걷는 동물은 초기 포유류의 특징인 다섯 발

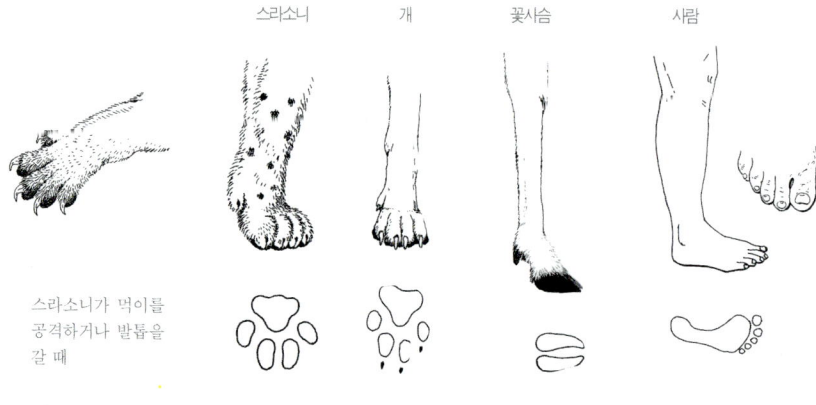

스라소니가 먹이를 공격하거나 발톱을 갈 때

발톱의 세 가지 유형   갈고리   발굽   납작

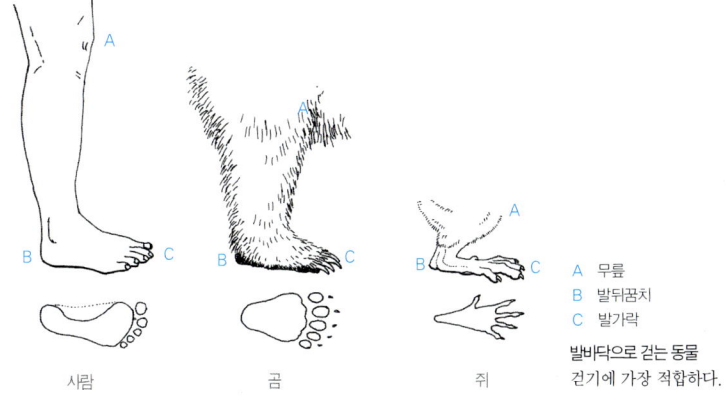

A 무릎
B 발뒤꿈치
C 발가락

발바닥으로 걷는 동물
걷기에 가장 적합하다.

사람   곰   쥐

가락과 발톱을 모두 가지고 있으며, 다리가 짧아서 뛰어오르거나 먼 거리를 달리는 데 약하다. 하지만 곰과 오소리처럼 앞발이 다부지고 앞발톱이 길게 발달했다.

우리나라에서는 설치류, 식충목, 족제비과, 곰과의 동물이 여기에 속한다. 발바닥으로 걷는 동물들은 몸무게에 비해 발바닥 면적이 넓어서 몸무게가 잘 분산되고 발바닥이 부드러운 편이다. 그래서 덩치가 비슷한 다른 동물에 견주어 발자국 깊이가 얕고 윤곽선이 분명하지 않아 발자국을 발견하기 어려울 때가 많다. 예를 들어 땅의 상태에 따라 족제비과인 오소리 발자국이 개과인 너구리 발자국에 비해 아주 희미할 때가 있다. 또 멧돼지는 땅에 낙엽이 쌓여 있어도 발굽 자국의 윤곽을 보고 크기를 짐작할 수 있는 반면, 반달가슴곰은 낙엽이 조금만 쌓여도 뚜렷한 발자국 윤곽을 찾기 어렵다.

● 발가락으로 걷는 동물의 발(지행성趾行性, digitigrade)

빨리 달리거나 높게 뛰기를 원하는 동물들은 오랫동안 발가락을 이용해 걷는 것을 발전시켜 왔다. 사람 역시 달리거나 뛸 때 발뒤꿈치를 들고 앞쪽으로만 땅을 딛는 것을 떠올린다면 쉽게 이해할 것이다. 개나 고양이처럼 발가락으로 걷거나 사슴처럼 발굽을 이용하게 되면서 더욱

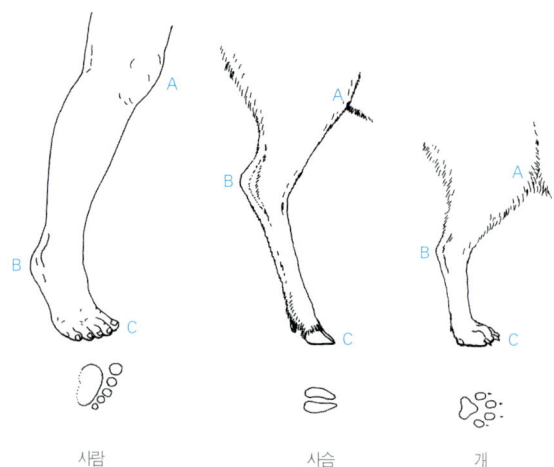

A 무릎
B 발뒤꿈치
C 발가락

발가락으로 걷는 동물의 발 달리기에 가장 적합하다.

사람   사슴   개

가늘고 긴 다리를 갖게 되었다. 이 과정에서 걷는 데 쓰이는 발가락 수가 줄어들고 발가락은 더욱 튼튼하게 바뀌었다. 가장 흔하게는 1번 발가락(사람의 엄지)이 퇴화했고, 사슴과 같은 유제류는 대부분 2번과 5번 발가락도 퇴화해서 며느리발톱(부척, dew claws)으로 발 뒤쪽 위에 작게 남아 있다. 말은 3번 발가락을 뺀 모든 발가락이 사라져 하나의 발굽으로만 걷는데, 이는 말이 지구상에서 달리기에 가장 적합하게 진화된 발을 지니고 있음을 의미한다.

● 발굽으로 걷는 동물의 발(제행성蹄行性, unguligrade)

발굽이 있는 동물을 통틀어 유제류(有蹄類, Ungulata)라고 하며, 분류학적으로 말처럼 발굽의 수가 홀수인 기제목(奇蹄目, Perissodactyla, Odd-toed ungulate)과 노루나 소처럼 짝수인 우제목(偶蹄目, Artiodactyla, Even-toed ungulate)이 있다. 우리나라에서 유제류의 발자국은 말처럼 3번 발가락만 발달하여 홀수인 1개로 찍히는 경우와 3, 4번 발가락이 발달하여 소처럼 짝수인 2개로 찍히는 경우가 있다. 우리나라의 야생 유제류는 모두 발굽이 짝수이기 때문에 대개 발굽 2개가 찍히거나 발굽 위의 작은

너구리와 삵의 발자국보다 깊이 찍힌 고라니의 발자국. 발굽으로 걷는 동물은 체중에 비해 발바닥의 면적이 작아 발가락으로 걷는 동물보다 발자국이 깊게 찍힌다.
2006년 10월 전남 구례

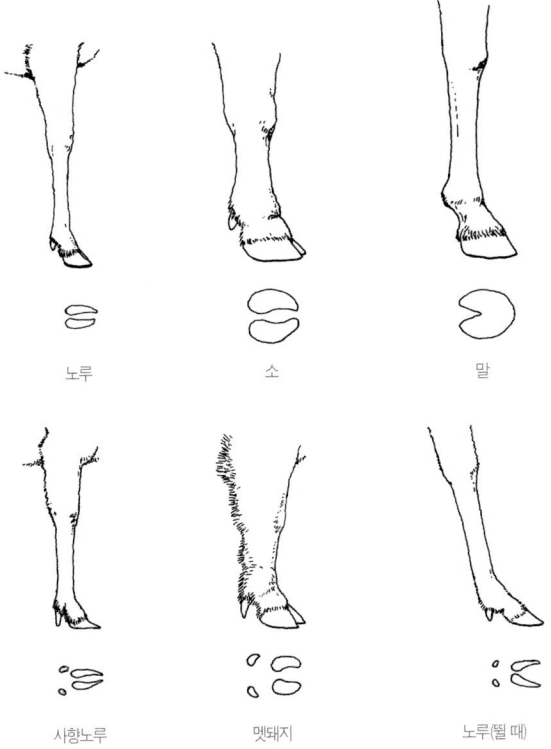

발굽으로 걷는 동물의 발

며느리발톱이 함께 찍혀 4개의 발굽이 찍힌다. 유제류는 뛸 때나 진흙 위에 찍힌 경우가 아니면 보통 2개의 발굽이 찍히지만, 멧돼지와 사향노루는 걸어갈 때에도 작은 며느리발톱이 함께 찍혀서 4개의 발굽이 발자국을 만드는 일이 많다. 며느리발톱은 2번과 5번 발가락이 퇴화한 모습이다.

발자국의 해석

● 발자국 용어
· 발자국: 이동할 때 발바닥이나 발가락이 땅에 닿아 만들어진 자국, 유제류는 발굽이 땅에 닿아 만들어진 자국(footprint).

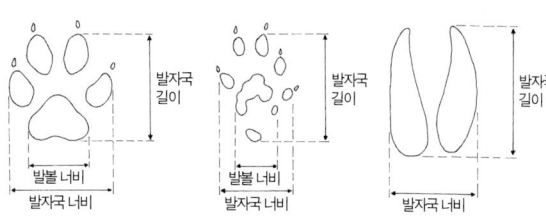

발자국 크기 재기

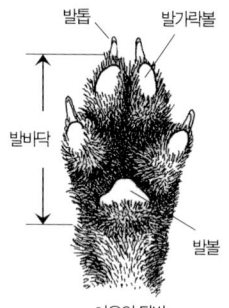

여우의 뒷발

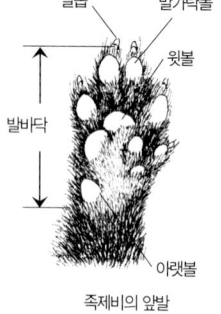

족제비의 앞발

- 발바닥: 발가락과 발톱을 뺀 땅에 닿는 발 부분(sole).
- 발가락볼: 발가락의 땅에 닿는 부분 중 털이 없는 살덩이(toe pad, digital pad).
- 발볼: 발가락을 뺀 발바닥의 털이 없는 살덩이(heel pad, interdigital pad, middle pad, central pad and carpal pad).
- 볼: 발가락볼과 발볼을 모두 일컫는 말(pad).
- 윗볼: 족제비과와 설치목의 앞뒤 발자국에 나타나는 발볼은 위아래 두 부분으로 나뉘며, 이 두 부분 중 윗부분의 볼(central pad, intermediate pad).
- 아랫볼: 발볼에서 윗볼 아래의 볼(carpal pad).

● 앞발과 뒷발

개과와 고양이과 동물의 발자국은 앞발 자국이 뒷발 자국에 비해 넓고 동그란 모양에 가까우며, 곰과와 족제비과의 뒷발 자국은 발가락이 짧고 발바닥이 길게 나타난다. 설치류는 앞발 자국과 뒷발 자국의 발가락 수가 다르게 찍히는데, 앞발은 4개, 뒷발은 5개의 발가락이 찍히며, 뒷발은 족제비과처럼 발가락이 짧고 발바닥이 길다.

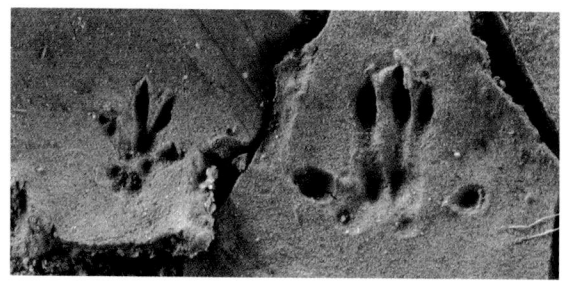

시궁쥐의 앞발과 뒷발.
설치류는 앞발이 4개, 뒷발은 5개의 발가락이 찍힌다.
2003년 10월 전북 남원

족제비 오른쪽 앞발　　여우 오른쪽 앞발　　멧돼지 오른쪽 앞발

유제류는 걸어갈 때 앞발 자국이 뒷발 자국에 비해 조금 크고 깊이 찍히는 경우가 많으며, 앞발 자국은 두 개의 발굽 끝이 벌어지는 반면, 뒷발 자국은 끝이 모아지는 경향이 있다. 하지만 개과와 고양이과 동물뿐 아니라 유제류도 모두 걸어갈 때 앞발이 디딘 자리를 뒷발이 덮고 지나가기 때문에 온전한 앞발 자국은 눈에 잘 띄지 않는다.

유제류의 경우 출산 경험이 있는 암컷은 벌어진 골반으로 인해 뒷발자국이 앞발자국보다 살짝 바깥쪽에 찍히는 경향이 있다.

고라니 앞발(위)과 뒷발(아래).

● 왼발과 오른발

발바닥으로 걷는 동물의 경우 발가락 다섯 개가 선명하게 찍혔을 때 가장 짧은 발가락이 왼쪽 끝에 있다면 오른

고라니의 발자국. 대부분의 동물은 걸어갈 때 앞발자국 위에 뒷발이 놓인다. 앞발은 발굽이 벌어지고 뒷발은 모아지는 경향이 있다. 사진은 뒷발자국이 앞발자국의 약간 바깥쪽에 찍힌 것으로 보아 출산 경험이 있는 암컷일 가능성이 크다. 2000년 10월 전남 구례

쪽 발의 자국임을 뜻한다. 하지만 가장 짧은 1번 발가락은 아주 희미하게 찍히거나 아예 찍히지 않을 때가 많다. 그래서 흔히 길이가 모두 다른 발가락 4개의 자국만 나타나게 되는데, 이때 가장 짧은 발가락은 맨 바깥쪽인 5번 발가락이 된다는 것을 염두에 둬야 한다.

발가락으로 걷는 동물 가운데 개과 동물은 발가락 4개와 발톱 자국을 남기는데, 발자국이 좌우 대칭이기 때문에 왼발 자국인지 오른발 자국인지 알아보기 어렵다.

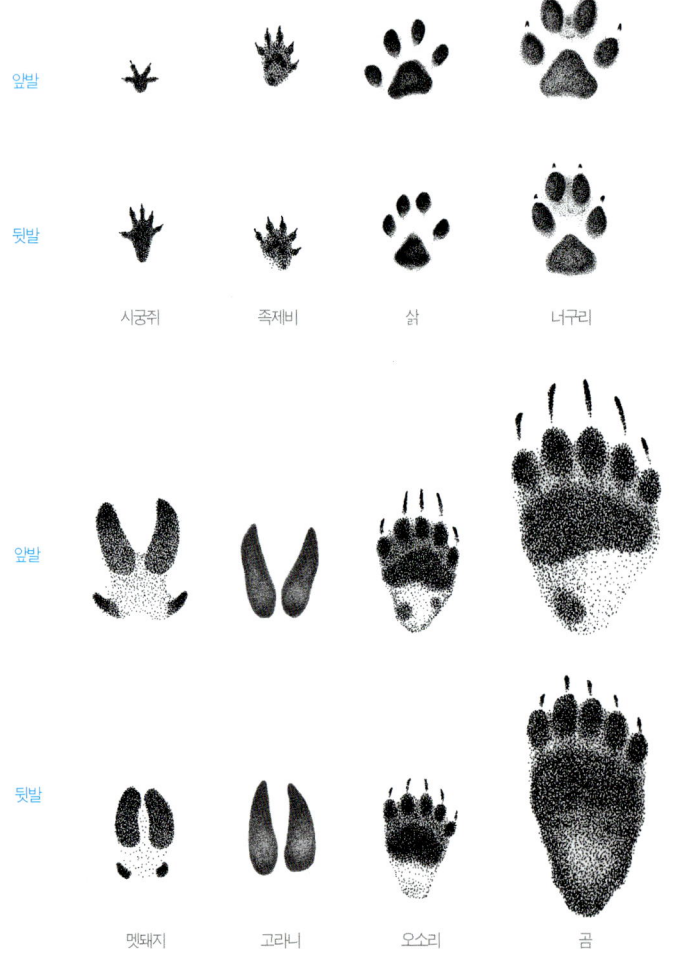

너구리와 삵 발자국. 위쪽에 발톱 자국이 없는 것이 삵의 발자국이다. 대개 고양이과는 발자국에 발톱을 남기지 않는다. 2003년 8월 충남 서산

반면에 고양이과 동물의 발자국은 발가락 4개가 찍힌다는 점에서는 개과 동물과 같지만 발톱 자국이 없고, 발자국이 한쪽으로 일그러진 비대칭이어서 어느 쪽 발자국인지 알아볼 수 있다. 말하자면 고양이과 동물의 발자국은 1번 발가락이 퇴화하여 나머지 4개 발가락만 찍히는데 사람의 새끼손가락처럼 5번 발가락이 가장 아래로 내려와 찍히며, 발볼의 아래 끝이 5번 발가락 쪽으로 내려와 있다. 따라서 발자국이 진행 방향과 직각이나 평행을 이루지 않고 오른발 자국은 오른쪽으로, 왼발 자국은 왼쪽으로 비스듬하게 기울어져 있다. 그러나 뒷발 자국은 비교적 대칭을 이뤄 어느 쪽 발자국인지 알아보기가 어려

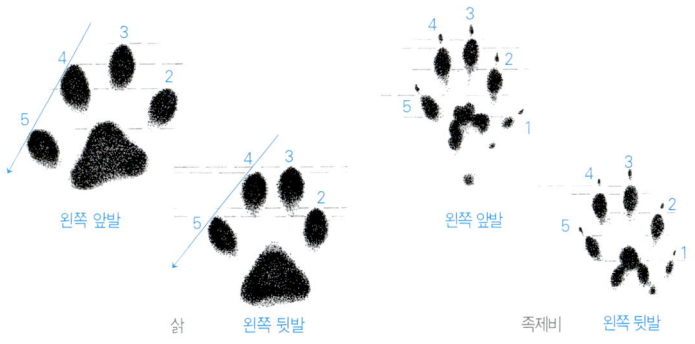

울 때가 많다.

하지만 발자국은 하나가 아닌 여러 개가 걸음걸이를 이루기 마련이고 동물들은 대부분 약간 갈지자로 걷기 때문에 걸음걸이에서 오른쪽에 있는 발자국이 오른발이고 왼쪽에 있는 발자국이 왼발이라고 보면 된다.

● 이동 방향

여우가 걸어간 발자국. 개과 동물의 전형적인 특징인 발 끈 흔적이 나타난다. 세로로 길게 끈 흔적은 발톱이 스친 것이다.
2003년 11월 몽골 몽고모리트

눈이나 낙엽으로 덮인 숲에서 흐릿한 발자국을 쫓을 때 가장 먼저 동물이 어느 방향으로 이동했는가를 확실히 알아야 한다. 그렇지 않으면 반대쪽으로 쫓아가 동물한테서 점점 멀어지는 낭패를 보는 수가 있다.

모든 발자국은 이동 방향 쪽으로 깊이 눌리는 특징이 있다. 사람 발자국 역시 모래밭에서 걸어간 모습을 보면 앞쪽이 뒤꿈치보다 깊게 파여 있다. 이동하는 쪽으로 무게 중심이 계속 옮겨 가기 때문에 앞쪽이 깊게 눌리게 되는 것이다. 이런 특징은 몸무게에 비해 발자국 너비가 좁고 윤곽이 뚜렷한 유제류에서 쉽게 볼 수 있다.

겨울철 눈이 쌓이면 발자국이 눈가루에 덮이거나 녹아서 뚜렷이 보이지 않는 일이 많다. 이때 개과의 경우 고양이과 동물에 견주어 발을 눈 위에서 길게 끄는 편이며, 발자국의 앞쪽보다는 뒤쪽으로 길게 끌린다. 따라서 발자국 뒤에 길게 끌린 자국을 보고 어느 쪽으로 갔는지 알 수 있다.

또한 수달, 족제비, 설치류 따위는 눈 위나 모래 위에서 이동할 때 꼬리가 끌린 자국을 남기는 일이 많아서 꼬리 끌린 자국으로도 이동 방향을 알 수 있다.

발자국도 희미하고 눈도 쌓여 있지 않은 경우에도 동

(오른쪽) 야생동물이 만들어 놓은 길. 작은 나무의 가지가 낮게 길 위로 자라고 있어서 사람이 다니지 않음을 알 수 있다. 또한 거미줄이 없다는 것은 최근에 지나간 동물이 있다는 뜻이며, 부러져 떨어진 나뭇가지의 위치로 미루어 동물의 이동 방향을 짐작할 수 있다. 길 위에 낙엽이 없고 맨땅이 드러나 있는 것은 오소리가 자주 다니거나 바람이 그곳을 휩쓸고 갔기 때문이다. 고라니, 노루, 멧돼지가 다니는 길이라면 메마른 땅이더라도 발굽에 눌린 발자국을 찾을 수 있을 것이다.
2005년 1월 전남 구례

흰넓적다리붉은쥐

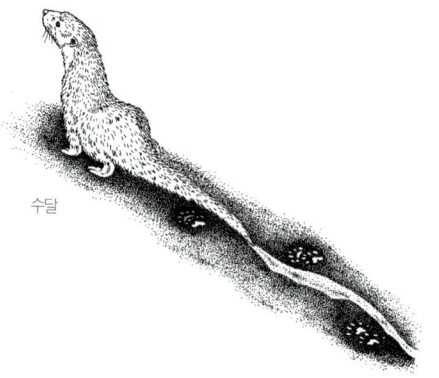

수달

물의 이동 방향을 금방 알 수 있는 방법이 있다. 동물이 이동하면서 몸과 다리에 죽은 나뭇가지들이 걸려 부러지고 떨어지게 되는데, 이런 나무 조각들이 떨어져 있는 쪽이나 풀이 누워 있는 방향이 곧 이동 방향이다.

걸음걸이

두 발로 걷는 인간이 네 발을 사용해 걷는 동물의 걸음걸이를 이해하는 것은 무척 어려움을 느낄 수밖에 없다. 따라서 걸음걸이의 모든 것을 이해하지는 못하더라도 이 동물이 걸어갔는지 또는 뛰어갔는지 정도는 쉽게 알 수 있는데, 이는 동물이 처한 상황을 이해시켜 주기도 한다. 또한 몇몇 종은 독특한 걸음걸이를 지니고 있기에 이러한 몇 가지 지식을 알고 있는 것이 반드시 필요하다.

● 걸음걸이를 알아야 하는 이유
발자국은 땅의 상태가 바뀌고 시간이 흐름에 따라 점점 흐릿해진다. 따라서 발자국 모양만으로 어떤 동물의 발자국인지를 알아보기가 쉽지 않은 때가 있다. 그런데 동물들은 골격과 습성에 따라 걸음걸이가 발자국만큼이나 다 다르다. 또 그때그때 목숨을 지키기 위해, 또는 에너지를 아끼기 위해 하는 행동들이 걸음걸이에 나타난다.

동물의 여러 가지 걸음걸이를 많이 보고 잘 이해한다면 가까이 다가가지 않고 멀리서도 어떤 동물이 어떤 행동을 하고 사라졌는지 더 생생하게 짐작할 수 있고, 흔적을 살펴보고 야생동물의 행동을 알아 나가는 일이 더욱 흥미로워질 것이다. 예를 들어 눈 위에 찍힌 삵의 발걸음과 흔적을 보고, 삵이 먹이를 발견하고 조심조심 걷다가 힘차게 내달려 덮친 다음 먹이를 물고 꼬리를 한껏 들어 올린 채 경쾌하게 걸어간 모습을 상상하는 것은 여간 즐겁지 않다. 이것은 분명 자연을 더 넓고 깊이 이해하는 것일 뿐 아니라 자연이 주는 기쁨을 새롭게 발견하는 일이다.

동물의 걸음걸이를 이해하는 데 가장 좋은 방법은 겨울날 눈이 쌓였을 때 밖에 나가 개와 함께 뛰놀며 개의 발자국이 어떤 식으로 바뀌는지 살펴보는 것이다. 또한 텔레비전에 나오는 동물의 달리는 모습을 녹화한 뒤 느린 화면으로 돌려 보거나, 동물의 걸음걸이를 분석해 놓은 승마 교본이나 경기 장면을 보는 것도 도움이 된다. 하지만 두 발로 걷는 인간이 네 발로 다니는 동물의 걸음을 명확히 이해하는 것은 그리 쉬운 일이 아니므로 아주 세심하게 관찰해야 한다.

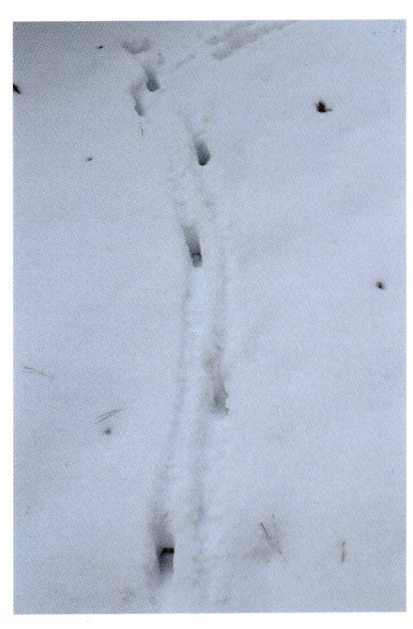

고라니가 걸어간 흔적. 유제류의 걸음걸이는 갈지자 모양이 비교적 심하다. 2005년 12월 전북 남원

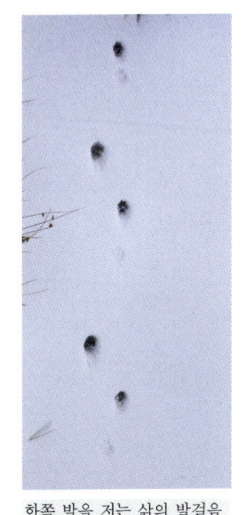

한쪽 발을 저는 삵의 발걸음. 일반적인 고양이과 발걸음과 달리 갈지자가 심하며 앞뒤 발자국이 전혀 겹치지 않고, 저는 발자국 하나가 계속 얕게 찍혀 있다. 2005년 1월 전북 남원

- 걸음걸이 용어
- 보폭: 한발 내딛은 발자국과 그 전 발자국 사이의 간격. 즉, 한발 간격(stride).

- 한걸음 폭: 같은 발에 의해 찍힌 두 번의 연속된 발자국 사이의 거리.
- 다리 폭: 발걸음의 가로 폭으로서 오른발과 왼발 사이의 바깥쪽 수평 너비(straddle).
- 걷기: 느린 발걸음으로서, 발자국은 보통 약간 갈지자로 앞발 자국 위에 뒷발 자국이 정확히 덮이거나 뒷발 자국이 뒤로 조금 처져서 찍힌다. 네 발 가운데 한 발이나 두 발만이 땅에서 떨어진다(walking).
- 빨리걷기(속보): 걷기의 한 가지로, 빠르게 걷는 것을 말한다. 서로 다른 쪽 두 발을 함께 떼며 걷기에 비해 보폭은 넓어지고 다리 폭은 좁아진다(trotting).
- 달리기: 네 발을 모두 땅에서 뗀 다음 네 발을 각각 다른 곳에 디뎌서, 발자국이 서로 겹치지 않는다(galloping).
- 뛰기: 앞발과 뒷발을 따로 떼고 디디며, 뒷발 자국이 앞발 자국 위에 겹치거나 넘어가서 찍힌다(jumping).

● 걷기

네 발을 떼고 딛는 때가 모두 다르며, 대개 앞발을 디딘 곳에 뒷발을 내디딘다. 걷는 발걸음은 규칙적이어서, 오른쪽 뒷발을 먼저 떼었다면 오른쪽 앞발, 왼쪽 뒷발, 왼쪽 앞발 순으로 발을 뗀다. 앞발을 디딘 곳에 뒷발을 내딛기 때문에 앞발 자국은 뒷발 자국에 가려 일부만 보이거나 아예 안 보이는 수가 많다. 걷기는 속도가 가장 느리지만 눈으로 확인한 지점에 앞발을 디디고 같은 자리를 자연히 뒷발이 밟는 것이므로 안전하다. 또한 눈이 내린 곳에서 오랜 시간 이동할 때에는 앞발이 만든 눈구멍에 뒷발을 내딛기 때문에 힘이 덜 든다.

느리게 걸으면 뒷발 자국이 앞발 자국에 닿지 못하거나 살짝 겹쳐지고, 빠르게 걸을수록 뒷발 자국이 앞발 자국을 지나쳐 찍힌다.

발걸음의 독특한 형태로서 측대보(側對步, amble

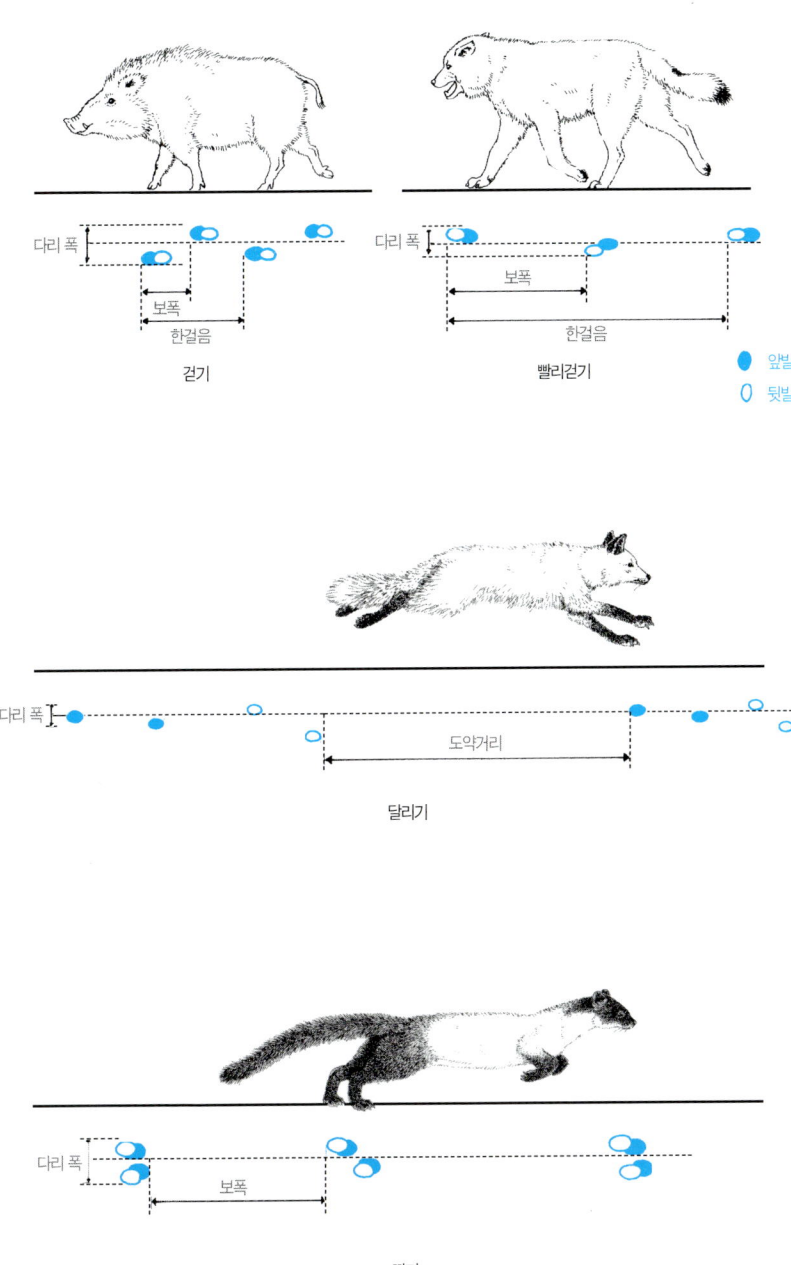

pace)라는 것이 있다. 양쪽 다리를 엇갈려 걷지 않고 같은 쪽 발을 동시에 떼어 걷는 것으로, 두 오른발이 땅에 닿아 있으면 두 왼발은 공중에 떠 있고 두 왼발이 땅에 닿아 있으면 두 오른발은 공중에 떠 있게 된다. 개가 지치거나 장애물을 피해 걸을 때 이런 걸음걸이를 하며 때로는 고양이나 말도 이렇게 걷는다. 낙타는 대개 측대보로 걷는데, 좌우 양쪽으로 무게 중심이 계속 바뀌기 때문에 흔들림이 심하다. 사람들이 말보다 낙타를 탈 때 더 불편하게 느끼는 것은 이 때문이다.

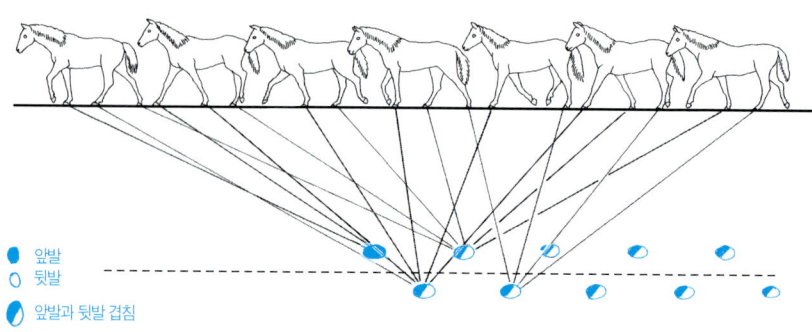

말의 걷기

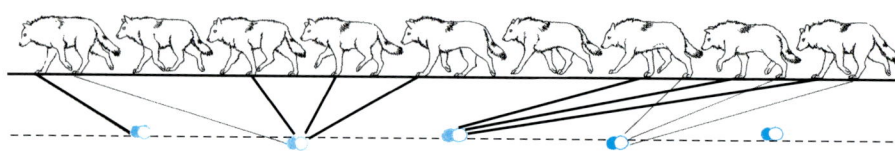

늑대의 빨리걷기

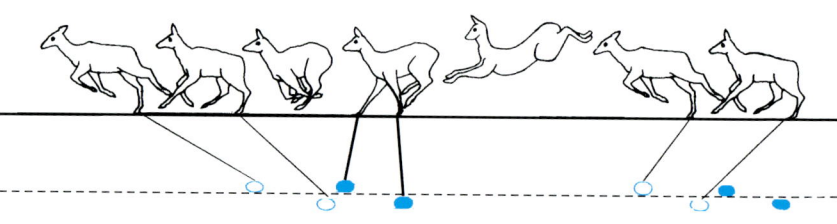

고라니(소형 사슴류)의 달리기

● 빨리걷기(속보)

걷기보다 빠른 걸음으로, 한쪽 앞발을 뗄 때 다른 쪽 뒷발을 동시에 떼는 것이다. 곧 오른쪽 앞발을 들고 놓을 때 동시에 왼쪽 뒷발도 같은 동작을 한다는 말이다. 걸음을 뗄 때마다 몸을 들어 올리지 않고 앞으로 미끄러지듯이 나아가므로 속도는 빠르면서도 가장 지치지 않는 걸음걸이다.

빨리걷기를 할 때 발자국은 걷기와 아주 비슷하다. 걷기보다 보폭은 넓어지고 다리 폭은 좁아지는데, 속도가 높아질수록 더 그렇다. 따라서 빠른 속도의 빨리걷기에서는 거의 완벽한 일자 걸음이 나타나는데, 특히 여우의 발자국에서 자주 볼 수 있다.

● 달리기

빠르게 뛰어 내달리는 것을 말한다. 달리기에서는 네 다리 모두가 한 곳에서 공중에 떠 있게 되는데, 도약할 때 앞으로 나아가는 힘은 한쪽 앞발로 착지하고 그 다음 내딛는 앞발에서 시작된다. 예를 들어 왼쪽 앞발로 착지한 다음 오른쪽 앞발로 도약을 했다면, 곧 공중에서 네 발을 모으고 잠깐 뜬 다음 바로 왼쪽 뒷발과 오른쪽 뒷발을 차례로 내디디며 땅을 박차고 멀리 뛴 뒤, 왼쪽 앞발로 착지하면서 곧 오른쪽 앞발을 디디며 다시 도약하는 과정을 되풀이하는 것이다. 이때 한 걸음걸이에서 두 차례 공중에 뜨게 된다. 하지만 엘크나 멧돼지같이 덩치가 큰 초식 동물들은 뒷발을 디뎌서 멀리 뛰는 두번째 도약에서 네 발을 모두 땅에서 떼지 않는 경우도 많다.

달리기를 할 때는 발자국이 하나도 겹치지 않아서, 네 개씩 띄엄띄엄 찍혀 있는 것을 볼 수 있다. 달리기는 힘이 많이 들기 때문에 발자국을 쫓다 보면 얼마 지나지 않아 빨리걷기나 걷기로 바뀌어 있기가 십상이다.

달리기를 하면 몸무게와 가속도 때문에 발자국이 깊이 파이는데, 발자국 안에 흙 부스러기가 가라앉지 않았고 날이 건조한데도 흙이 말라 있지 않으면 동물이 방금 지나갔다는 것을 알 수 있다.

● 뛰기

뛰기는 네 발 모두가 공중에 뜨게 된다는 점에서는 달리기와 같지만 앞발이 아닌 두 뒷발을 박차면서 도약한다는 점이 다르다. 족제비의 경우 두 뒷발을 나란히 모아 공중으로 뛴 다음 두 앞발로 나란히 착지하고 앞발 자국 위에 다시 두 뒷발을 내디디며 공중으로 뛰기를 되풀이한다. 이런 흔적을 눈 위에서 흔히 볼 수 있는데, 발자국 두 개가 나란히 쌍을 이루며 일정 간격으로 남아 있다.

멧토끼, 청설모, 다람쥐도 족제비처럼 두 앞발과 두 뒷발을 동시에 움직이긴 하지만 앞발 자국과 뒷발 자국이 겹치지 않는다. 속도가 빨라질수록 뒷발 자국이 앞발 자국을 넘어서 찍히는데, 멧토끼는 두 앞발이 직선상에 놓이고 두 뒷발은 수평으로 넓게 벌어진 자국을 남기는 것이 특징이다.

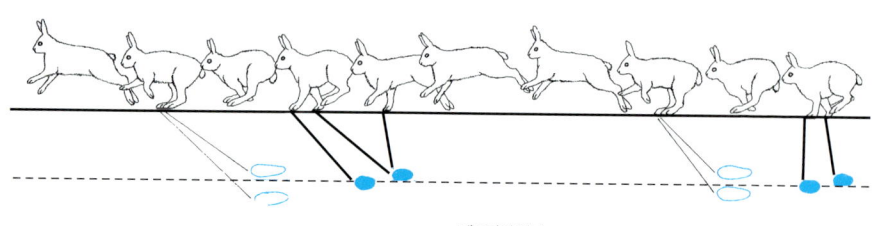

멧토끼의 뛰기

● 앞발
○ 뒷발

족제비의 뛰기

덩치가 큰 동물들한테 뛰기는 달리기보다 더 힘이 들기 때문에 주로 깊은 눈밭을 지나가거나 도랑이나 울타리 같은 장애물을 뛰어넘을 때 쓰인다. 하지만 덩치가 작고 등이 길며 다리가 짧은 족제비 같은 동물과 일부 설치류에게는 가장 흔한 걸음걸이다.

발자국 찾기

발자국은 겨울철 눈 위에서 가장 쉽게 볼 수 있다. 하지만 눈이 많이 쌓였을 때에는 발자국이 눈 속에 깊이 박혀 잘 알아보기 어렵고, 눈이 갓 내렸을 때에도 부드러운 눈가루에 파묻히는 일이 많다. 따라서 눈 위에 난 발자국을 가장 뚜렷하게 볼 수 있는 때는 눈이 내리고 하루 이상 지나서 눈 표면이 조금 녹아 물기를 머금고 햇빛과 바람에 살짝 다져졌을 때다. 또한 산의 북쪽 비탈처럼 햇빛이 거의 들지 않는 곳에서는 눈가루가 잘 뭉쳐지지 않고 부서지기 때문에 겨울 내내 선명한 발자국을 보기가 힘들다. 이처럼 겨울철에 야생동물은 눈 위에 지나간 흔적을 남기지만 뚜렷한 발자국을 보는 것은 뜻밖에 쉽지 않다.

담비 발자국. 담비가 멧토끼를 입에 물고 눈 위를 지나갔는데, 멧토끼의 피가 담비의 발 위로 떨어져 이런 흔적이 생겼다. 2002년 1월 강원도 황병산

발자국을 관찰하기 좋은 강가의 모래톱.
2003년 10월 섬진강
(왼쪽) 남생이가 지나간 흔적.
2006년 10월 전남 구례

하지만 조금만 관심을 가진다면 주변에서 한 해 내내 많은 야생동물의 발자국을 관찰할 수 있는 곳이 있다. 강가나 시냇가에 모래나 진흙이 쌓여 있는 곳, 바닷가 갯벌 가장자리, 길가에 물이 말라 가면서 진흙이 가라앉아 있는 웅덩이, 햇빛이 들지 않고 늘 축축한 맨땅인 하천의 다리 아래 같은 곳에서는 언제든지 그 지역에 살고 있는 여러 야생동물의 발자국이 우리를 기다리고 있다.

배설물

배설물은 똥과 오줌을 포함하며, 특히 똥은 발자국과 마찬가지로 동물이 살고 있는 곳이면 어디에서나 찾을 수 있는 흔적이며, 발자국이 잘 남지 않는 단단한 땅 위나 낙엽과 풀로 덮인 숲 속에서도 동물의 존재를 알려 주는 중요한 단서다. 또한 배설물은 동물이 어떤 먹이를 먹는가 하는 것만이 아니라 삶과 행동에 대해 매우 흥미로운 사실들을 알려 준다. 동물들은 저마다 배설물이 다르고 배설 습성도 제각각이다. 배설한 지 얼마 안 된 포유류의 배설물에서는 강한 냄새가 난다. 이 냄새는 동물을 구분하는 데 유력한 단서가 될 뿐 아니라 동물 종 사이에서나 개체 사이의 관계에서 중요한 역할을 한다.

배설물의 내용

동물이 눈 똥을 가까이 관찰해 보면 동물이 어떤 것을 먹이로 하는지 알 수 있는데, 곤충의 등껍질이나 식물의 섬유질이 나올 경우 먹이가 되는 종을 알아낼 수 있다. 동물의 뼈와 털, 날개 깃 들이 나올 때에도 눈으로 보고 종을 알아낼 수 있는데, 이때 중요한 것은 이 먹이들이 직접 사냥당해 잡아먹힌 것이라고 단정해서는 안 된다는 것이다. 자연히 죽은 사체나 다른 동물이 먹고 난 사체의 일부를 먹는 일도 꽤 있기 때문이다.

삵 똥에 몸을 비비고 있는 너구리. 삵의 똥에 자신의 냄새를 묻히는 것일까? 아니면 자신의 몸에 삵 똥을 묻히는 것일까? 냄새를 남기고 싶었다면 삵 똥 위에 오줌이나 똥을 누면 될 것이기에 아마도 자신의 몸에 삵 똥을 묻히는 게 목적인 듯하다. 이러한 이유는 명확치 않지만 분명한 것은 동물들이 남의 분비물에 강하게 반응한다는 것이다.
2005년 8월 전남 구례

삵 똥 앞에 족제비 발자국이 강하게 찍혀 있다. 삵이 똥을 눈 뒤 족제비가 왔음을 알 수 있다. 삵 발자국이 남지 않은 것으로 보아 웅덩이에 빗물이 고이기 전에 삵이 똥을 누었고, 족제비는 비가 온 뒤 땅바닥이 질어진 다음에 왔을 것이다. 족제비가 관심을 보인 것은 삵이었을까? 아니면 똥 속의 쥐 털이었을까? 둘 다를 통해 경쟁자를 의식했을 것이다. 2005년 8월 섬진강

또한 먹이가 잘게 부서져 맨눈으로 알아보기 힘들 때에도 요즘에는 DNA 분석 기술로 먹이 종과 배설한 종을 모두 구분해낼 수 있다. 물론 전문가가 아닌 사람이 먹이의 종을 일일이 구분하는 것은 어려우며 그다지 필요한 일도 아니다. 하지만 조금만 관심을 가지면 배설을 한 동물이 초식성인지 육식성인지 잡식성인지 쉽게 알 수 있으며, 이것은 그 동물을 이해하는 데 꼭 필요한 정보가 된다.

배설물의 모양, 색깔, 양

초식동물은 작고 둥근 알갱이 모양의 똥을 다량 누지만, 육식동물은 길고 둥글며 소시지 모양의 마디가 있는 똥을 누는데 털이 많이 섞인 경우 마디가 많고 끝이 뾰족

  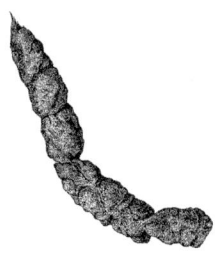

초식동물(고라니)의 배설물   잡식동물(너구리)의 배설물   육식동물(삵)의 배설물

하다.

똥의 크기는 어린 동물의 것이 다 큰 동물에 비해 작지만, 똥의 모양은 연령보다는 먹이 종류에 따라 달라진다. 초식동물들은 즙이 많거나 젖은 풀을 먹으면 똥이 부드러워져 여러 알갱이가 뭉치거나 으깨진 반죽처럼 된 똥을 누기도 한다. 반면 사슴과의 초식동물이 마른 풀을 먹으면 타원 모양의 둥글고 단단한 알갱이가 나온다. 이렇게 물기가 많은 여름철의 똥과 바싹 마른 겨울철의 똥을 구분하기도 한다. 또한 녹색의 싱싱한 풀을 먹은 경우 갓 나온 똥은 녹색을 띠다가 점점 검게 마르지만 건초, 낙엽, 나뭇가지를 먹었을 때는 똥의 표면이나 단면이 처음부터 진한 갈색을 띤다. 뽕나무 열매나 산딸기처럼 색깔이 강한 열매를 먹었을 때도 똥이 열매와 비슷한 색깔을 띠며, 젖을 먹는 어린 동물의 똥은 연한 회갈색을 띤다.

멧토끼와 몇몇 설치류는 똥이 두 가지다. 밖에서 흔히 보는 똥 말고 부드러우며 검고 가는 똥을 누는데, 이 똥을 누자마자 다시 먹어치운다. 이처럼 한 번 배설한 똥을 다시 먹는 식분성(食糞性, coprophagy)을 나타내는 까닭은 정확히 밝혀지지 않았지만 내장에서 박테리아에 의해 형성된 다량의 비타민 B를 섭취하기 위한 것으로 여겨진다(Bang & Dahlstrom, 2001).

식물성 먹이는 동물성 먹이보다 영양소가 적기 때문에 초식동물이 육식동물보다 많이 먹고 많이 눈다. 따라서 덩치가 비슷한 초식동물과 육식동물이 같은 수가 살더라도 초식동물의 똥은 흔하게 널려 있는 반면 육식동물의 똥은 보기 드물다.

배설물의 냄새

몇몇 포유류는 항문에 특정한 냄새를 내뿜는 분비샘이 있어 배설물을 내보낼 때 같이 배출한다. 이 분비물은 성적으로 성숙한 개체에서 발달하며 짝짓기 철에 가장 발달한다. 이것은 자신이 짝짓기를 할 준비가 되어 있음을 알리는 것으로서, 짝을 찾는 데 중요한 역할을 한다. 또 많은 종들이 배설물을 이용해 영역을 표시한다.

몇몇 종의 똥은 사람 코로도 구분할 수 있는 특유한 냄새가 나는데, 이런 냄새는 한번 맡으면 쉽게 잊혀지지 않기 때문에 종을 알아내는 데 매우 유용할 때가 있다. 멧돼지 똥은 보통 돼지의 구린내가 심하게 나며, 너구리 똥은 노린내가 심하고, 수달 똥은 비릿하면서도 독특한 냄새가 있다. 이런 냄새의 특징은 자장면과 짬뽕의 냄새처럼 말로 설명하기 어려우며 직접 맡아 보면 쉽게 분간할 수 있다.

멧돼지 똥.
2006년 10월 전남 광양

배설 습성

배설물의 모양, 크기, 내용물, 색깔, 냄새 따위를 확인하는 것 못지않게 중요한 것은 배설물이 있는 자리를 이해하는 일이다. 아무 곳에나 배설하는 동물도 있지만 많은 동물이 독특한 배설 습성을 가지고 있다.

사람이 화장실에 드나들듯 한 군데에 똥자리를 두는 동물이 있는데, 산양과 너구리가 대표적이다. 이 경우 똥이 여기저기 널려 있지 않아 찾기 어렵지만 똥자리를 한 번 찾아내면 똥의 주인을 금방 알 수 있다. 또한 오소리는 얕게 굴을 파고 입구에 똥을 누는 반면, 고양이는 흙으로 덮는 습성이 있다.

족제비, 담비, 수달 같은 동물은 돌 위에 똥을 누는 습성이 있는데, 똥돌의 크기는 종의 몸집에 비례하므로 똥뿐만이 아니라 똥돌의 크기와 똥의 위치 역시 유심히 관찰해야 한다. 족제비와 담비는 오솔길 같은 길가의 돌 위에 배설하는 반면, 수달은 물 밖으로 나와 있는 돌 위나 바위 처마 또는 모래를 긁어모은 위에다 배설한다. 이런 습성은 배설물이 멀리서도 잘 보이고 냄새도 잘 퍼지며 형태도 오래가도록 하여 자기 영역을 지키는 데 이용하기 위한 것이다. 삵, 표범, 호랑이, 여우도 이런 습성이 있으나 돌 위에 배설하는 경우는 드물며 마른 맨땅을 선호한다.

오줌

동물의 오줌은 사람 눈에는 잘 띄지 않지만 동물들 사이에서는 자기 존재를 알리는 데 큰 역할을 한다.

여우와 같이 오줌 냄새가 독특하고 지린내가 강한 동물이 자주 오줌을 누는 곳을 지나갈 때 냄새를 알아챌 수 있지만, 다른 동물의 경우 사람이 알아채기는 어렵다. 그러나 겨울철 눈이 쌓인 때에는 이야기가 달라진다. 눈 위에 떨어진 오줌을 보고 우리는 종과 성별을 알 수도 있다. 집에서 키우는 개가 그렇듯이 개과 동물들의 경우 대개 수컷은 한쪽 뒷다리를 들고 특정한 위치에 오줌을 눈다. 반면 암컷은 뒷다리를 조금 구부리고 오줌을 누며 이런 특징은 발자국이 놓인 모습과 떨어진 오줌의 위치를 보면 쉽게 알 수 있다.

사슴과 동물 역시 암컷 수컷이 오줌 누는 위치가 다르다. 수컷은 뒷발과 멀리 떨어진 앞쪽에 떨어지고 암컷은 두 뒷발의 사이에 떨어진다. 이런 현상은 물론 암컷 수컷이 배설 기관의 위치가 다르기 때문이다. 또한 돌 위에 배설하는 습성이 강한 족제비과의 담비, 족제비, 수달은 갓 눈 똥에서 오줌이 돌 위에 흐른 자국을 볼 수도 있는데, 이때 똥에 오줌이 함께 젖어 있으면 암컷일 가능성이 크다.

❶ 돌 위에 똥을 누는 수달.
❷ 수달 암컷이 똥과 오줌을 눈 자리. 똥과 오줌이 한 곳에 있다. 2005년 12월 섬진강
❸ 수달 수컷이 똥과 오줌을 눈 자리. 오줌이 똥과 조금 떨어져 있다.
2005년 12월 섬진강
❹ 돌 위의 수달 똥.
2001년 12월 경북 봉화 현동천

늘대 수컷은 다리를 들고 오줌을 누며,
늘대 암컷은 앉은 채로 눈다.

수컷

암컷

늘대의 오줌 자국

수컷　　　　　암컷

고라니의 오줌 자국

시간에 따른 흔적의 변화

동물을 추적할 때 반드시 알아야 할 것은 이동하는 동물의 종, 방향, 지나간 시간의 파악이다. 이중 동물의 종을 구분하는 것은 해당 동물에 대한 이해를 기본으로 하지만, 방향과 시간의 경과를 파악하는 것은 경험을 필요로 한다. 풀이나 나뭇가지의 꺾인 방향이나 발자국의 방향 등을 통해 동물의 이동 방향을 알아채는 것은 그리 어려운 일이 아니다. 하지만 남겨진 흔적이 언제 것인지를 아는 것은 오랜 경험과 지식을 필요로 하며 추적에 있어서 가장 중요한 부분이다.

시간의 흐름을 가늠할 수 있는 방법으로는 눈 위 발자국의 시간별 변화, 똥의 말라가는 정도와 색깔 변화, 벗겨진 나무껍질의 회복 정도, 망가진 거미줄의 복구 속도, 밟힌 풀이 일어나는 속도, 드러난 흙이 말라가는 속도, 흙탕물이 가라앉는 속도 등 여러 경험과 지식이 동원된다.

이러한 여러 방법 중 대부분은 날씨와 햇볕의 변화에 민감하게 반응하므로 해당 장소의 환경 조건의 변화를 감안하여 추정하는 것이 매우 중요하다. 하지만 밟힌 풀이 일어나는 속도와 흙탕물이 가라앉는 시간처럼 날씨와 햇볕의 변화에 덜 민감하게 영향을 받는 방법은 기본적으로 알아둘 필요가 있다.

발자국이 남긴 흙탕물이 가라앉는 속도

흙에 진흙이 많고 규모가 클수록 맑아지는 속도가 느려진다.

1분 이내 흙탕물의 움직임이 보이며, 큰 공기방울이 떠 있기도 한다.

1~10분 정지된 물 전체가 뿌옇지만, 위층의 흙탕물이 조금씩 맑아지기 시작한다.

30분~3시간 발자국이 남겨진 부분만 뿌옇다.

3시간~24시간 흙탕물이 완전히 가라앉으며, 발자국에 스며 물이 마르기도 한다.

밟힌 개구리밥이 복원되는 속도

밟힌 직후~당일 오후.

하루 지난 후 아침

이틀 지난 후 아침

사흘 지난 후 아침

밟힌 풀(쑥)이 일어나는 속도

밟힌 직후~당일 오후 발에 눌린 모습이 그대로 남아 있다.

하루 지난 후 아침 이슬과 햇볕을 받은 후 전날 굽어졌던 풀들이 비스듬히 일어섰다.

이틀 지난 후 아침 밟힐 때 부러졌거나 꺾인 풀을 제외하고 모두 정상으로 돌아왔다.

삵 똥의 변화(양지)

겨울에는 여름철에 견주어 똥의 변화 속도가 3배 넘게 느리다.

❶ 4월 29일(당일)
❷ 5월 1일(2일 뒤)
❸ 5월 4일(5일 뒤)
❹ 5월 16일(17일 뒤, 비 온 뒤)
❺ 6월 22일(54일 뒤)
2005년 전북 남원

삵 똥의 변화(음지)

- ❶ 5월 8일(당일)
- ❷ 5월 9일(1일 뒤)
- ❸ 5월 11일(3일 뒤)
- ❹ 5월 12일(4일 뒤, 비 온 뒤)
- ❺ 5월 13일(5일 뒤)
- ❻ 5월 16일(8일 뒤)
- ❼ 5월 22일(2주 뒤)

2005년 전북 남원

먹이 흔적

야생동물의 먹이를 이해한다는 것은 그 동물이 나타내는 습성과 흔적의 가장 많은 부분을 이해할 준비가 되어 있음을 뜻한다. 발자국과 배설물이 흔적을 이해하는 데 밑바탕이 된다면 먹이 흔적을 이해하는 것은 종을 구분해 내는 것을 넘어 그 동물과 주변 환경에 대해 더욱 근본적으로 다가갈 수 있는 길이다.

초식동물의 먹이 흔적

고라니 멧토끼 같은 초식동물은 육식동물에 견주어 영양소가 적은 먹이를 먹기 때문에 먹이를 아주 많이 먹어야 한다. 따라서 육식동물보다 훨씬 많은 곳에 먹이 흔적을 남길 수밖에 없으며 풀과 나무의 일부를 먹은 흔적은 이듬해 봄까지 오랫동안 남아 있기 때문에 조금만 주의를 기울이면 주변에서 무수히 많은 흔적을 찾아낼 수 있다.

초식동물 가운데 유제류는 먹이에 따라 주로 풀을 뜯는 종(grazer)과 나뭇잎을 뜯는 종(browser)으로 나눌 수 있다. 우리나라에 사는 유제류 가운데 고라니와 산양은 나뭇잎보다 풀을 좋아하며 노루와 사향노루는 나뭇잎을 더 잘 먹는다. 서식 환경과 계절에 따라 두 가지를 섞어 먹거나 완전히 뒤바뀌는 경우도 있긴 하지만, 이런 사실은 동물이 기본적으로 선호하는 서식지의 특성을 이해하는 데 많은 도움을 준다.

멧돼지는 식물의 뿌리를 많이 캐어 먹으며, 설치류와 멧토끼는 나무 줄기와 껍질을 갉거나 잘라 먹는 습성이 있다.

● 풀

식물은 억새 같은 외떡잎식물과 콩 같은 쌍떡잎식물로 나눌 수 있는데, 어떤 풀을 먹느냐에 따라 동물의 종이 나뉘기도 한다. 멧돼지와 반달가슴곰은 취와 같은 쌍떡잎식물의 부드러운 잎과 줄기를 좋아하는 반면, 강한 앞니를 가진 멧토끼는 춘란과 같이 딱딱하고 두꺼운 외떡잎식물의 잎을 즐겨 먹는다. 또한 되새김질을 하여 소화율을 높이는 사슴과 동물들은 쌍떡잎식물과 외떡잎식물을 가리지 않고 다 잘 먹는다.

뜯기고 남은 풀을 보고 어떤 종이 먹었는지를 아는 것은 매우 어렵다. 왜냐하면 멧토끼를 뺀 대부분의 초식동물은 이빨로 잘라 먹지 않고 이와 잇몸을 이용해 물어서 뜯어 먹기 때문에 뜯긴 단면만 보고는 어떤 동물이 먹었는지 알 수가 없다. 따라서 숲에서 풀이 뜯긴 채 짧게 남아 있다면 그곳에 남은 발자국과 주변의 배설물 따위를 통해 짐작해 보는 것이 좋다. 다만 멧토끼는 날카롭고 강한 아랫니로 잘라 먹기 때문에 비스듬하게, 마치 사람이

왼쪽은 고라니가 뜯어 먹은 춘란, 오른쪽은 멧토끼가 잘라 먹은 춘란이다.
2003년 3월 지리산 구룡계곡

낫으로 벤 것같이 깔끔하고 날카로운 절단면을 남긴다.

● 나무
고라니, 노루, 산양은 모두 나뭇잎을 먹는다. 특히 노루는 겨울철에 나뭇가지 끝에 튼 눈과 작은 나뭇가지를 많이 먹는다. 사슴과 동물 말고도 멧토끼가 나뭇가지를 많이 먹는데, 멧토끼는 키가 작기 때문에 찔레나 싸리나무처럼 줄기가 가는 나무의 밑동이나 낮게 난 가지를 주로 먹는다. 또 사슴과 동물은 위 앞니가 없어 나뭇가지를 자르지 못하고 어금니로 씹어서 끊어 먹기 때문에 절단면이 거칠다. 멧토끼는 풀을 잘라 먹을 때와 마찬가지로 비스듬하게 날카로운 절단면을 만든다.

가끔씩 초식동물들은 나무줄기의 껍질을 갉거나 벗겨 먹기도 한다. 그러나 이런 경우는 먹이가 매우 부족한 시기나 특정 영양소의 섭취가 필요한 때에 국한된다. 하지만 염소는 나무껍질도 아주 잘 먹기 때문에 집에서 키우던 염소가 야생화되어 사는 곳에서는 활엽수 줄기의 껍질 일부가 아랫니로 갉아져 있거나 벗겨져 있는 모습을 쉽게 볼 수 있다.

동물들이 나무줄기에 남기는 흔적은 껍질을 갉아 먹은 것뿐만 아니라, 서로 영역을 알리거나 의사소통을 하기 위해 뿔로 껍질을 벗긴 경우도 있기 때문에 잘 살펴보고 구분해야 한다.

염소는 노루나 산양과 달리 나무의 수피를 잘 갉아먹는다.
2003년 12월 지리산 벽소령

● 흙
초식동물은 육식동물처럼 먹이로부터 피와 뼈 따위를 통해 다양한 영양소를 공급받지 못한다. 그래서 초식동물들은 염분과 광물질을 섭취하기 위해 특정 성분이 많이 함유된 흙을 찾아 먹는다. 흙을 먹는 것은 먹이 식물에 들어 있는 독성을 해독하기 위한 것이기도 하다. 황토나 마사토를 주로 먹는데, 산이나 언덕의 흙이 드러난 곳을 자주 찾는다.

흙을 먹고 있는 고라니.
2003년 10월 전남 구례

멧돼지는 무덤의 봉분을 파헤치기도 한다. 봉분은 땅속 깊숙한 곳의 흙으로 만들어지므로 표토에서는 얻을 수 없는 성분이 포함되어 있기 때문일 수도 있고, 사람들이 성묘를 한 다음 봉분에 부은 막걸리 성분이 멧돼지를 유혹하기 때문일 수도 있다.

육식동물의 먹이 흔적

육식동물의 먹이 흔적은 주로 사냥한 뒤 먹고 남은 사체에서 확인할 수 있다. 그러나 작은 쥐나 새 같은 먹이는 한꺼번에 삼켜버리는 수가 많기 때문에 육식동물의 포식 흔적을 찾아내는 것은 그리 쉽지 않다.

포식자에게 잡아먹히고 남은 사체를 찾았을 때 가장 먼저 드는 궁금증은 이 동물을 어떤 종이 잡아먹었는가 하는 것이다. 이때 가장 먼저 생각해야 할 것은 포유류와 새의 구강 구조의 차이에 따라 사체에 남겨진 흔적이 다르다는 점이다. 포유류는 이빨이 있어서 어금니로 뼈와 깃털을 부수고 씹는 반면, 새는 부리를 이용해 뼈에서 살을 발라 먹고 깃털을 뽑아낸다.

또한 동물 사체를 보았을 때 이 동물이 포식자에게 직접 사냥당해 죽은 것으로 단정하지 말고 아프거나 다쳐서 죽은 뒤 다른 동물의 먹이가 되었을 가능성을 염두에 두고 관찰하는 것도 중요하다. 이때 고라니 같은 큰 동물의 경우 목에 대형 동물에게 물린 상처가 없다면 자연사한 것으로 여기는 게 옳지만 근래에는 멧돼지가 민가의 염소를 잡아먹으며 이러한 흔적을 남기지 않는 경우가 가끔 발생하곤 한다.

설치류의 먹이 흔적

설치류 먹이 흔적의 특징은 앞니로 갉아먹은 자국이 남는다는 것이다. 설치류들은 쉴 새 없이 딱딱한 물체를

먹이 흔적 55

❶ 멧비둘기가 땅에 내려앉아 먹이를 구하는 틈을 노려 사냥에 성공한 삵. 하늘을 나는 새들도 포유류의 먹이가 된다.
2005년 7월 섬진강

❷ 새에게 잡아먹힌 사체. 새는 어금니가 없으므로 작은 뼈들이 부서지지 않고 남아 있으며 깃털도 잘리지 않고 뽑힌다. 사진은 교통사고로 죽은 뒤 까치가 파먹은 소쩍새 사체.
2005년 5월 전북 남원 88고속도로

❸ 포유류에게 잡아먹힌 사체. 어금니에 뼈, 부리, 깃털이 씹혀 부서진다. 사진은 검은댕기해오라기가 수달에게 잡아먹힌 흔적이다.
2005년 9월 섬진강

❹ 자연사한 사체. 병에 걸리거나 다쳐서 자연사한 동물은 다른 포식자에게 먹히기도 하지만 여름철에는 보통 홀로 썩는다. 사진은 어린 멧돼지의 뼈가 온전히 남아 있는 모습이다.
2005년 8월 지리산 화엄계곡

쏠아 대는데, 한 달이면 앞니가 보통 1cm 넘게 자라나며 같은 길이만큼 계속 닳아진다.

● 나무껍질

딱딱한 물체를 갉아 대는 것은 설치류의 생활에서 매우 중요한데, 나무껍질은 열매나 곤충에 비해 영양소가 적어서 주로 먹이가 부족한 겨울철에 갉아먹는다. 특히 들쥐류와 밭쥐류(vole)에 속하는 설치류가 나무껍질을 많이 쏟다. 설치류가 쏠고 난 나무껍질과 목질부에는 반드시 잇자국이 생기는데, 이 잇자국의 높이는 이들 종이 주로 생활하는 위치를 알려 준다. 눈이 많이 쌓인 겨울에는 눈을 딛고 올라서서 껍질을 갉아먹는 일이 많은데 봄에 눈이 녹고 나면 나무 밑동의 중간 부분만이 쏠린 채 남겨져 제법 키가 큰 동물이나 나무를 타는 설치류의 흔적으로 잘못 알기도 한다(94쪽 '그 밖의 설치류' 중 '먹이 흔적' 사진 참조).

● 열매

씨앗과 열매는 지방을 비롯한 영양소가 풍부하기 때문에 수많은 동물들을 유혹하며, 야생동물들이 겨울의 혹독한 시련을 이겨낼 수 있도록 연료 역할을 한다. 특히 저장성이 좋은 견과류 열매는 많은 설치류가 겨울을 나는 데 꼭

설치류가 굴 입구의 나무껍질을 갉아먹었다.
2001년 3월 북한산

청설모가 열매를 갉아먹고 있다. 2006년 2월 경기도 성남

❶ 쥐가 먹은 가래 열매. 쥐는 가래나 호두처럼 크고 단단한 열매를 한 번에 쪼개지 못해 갉아먹은 흔적이 남는다.
2005년 12월 설악산
❷ 청설모가 먹은 호두. 한 번에 쪼개서 먹기 때문에 갉은 흔적이 남지 않는다.
2006년 11월 전북 남원
❸ 청설모가 까먹은 잣 껍데기. 2000년 9월 경북 안동

필요하기 때문에, 많은 양의 열매가 수효가 많고 부지런한 설치류가 먹어 치우고 저장하는 데 쓰인다. 자신의 성장을 포기하고 수많은 열매를 맺은 식물의 입장에선 설치류와 몇몇 새들의 이런 행동이 약탈일 수 있다. 하지만 가을철 이렇게 부지런한 동물들에 의해 땅속과 나무 구멍 속에 저축된 열매들이 모두 먹이로 없어지는 것은 아니다. 몇몇 동물은 천적에게 잡아먹히거나 자기가 저장한 위치를 잊어버려 이듬해 봄에 새로운 싹이 날 기회를 준다. 게다가 열매들이 동물들에 의해 다른 장소로 옮겨지기 때문에 새로 태어난 어린 식물들은 어미나무와의 경쟁을 피할 수 있고, 뒷날 다른 나무들과 유전자 교류를 할 수 있는 기회를 더 많이 갖게 될 것이다. 식물과 동물이 훌륭한 거래를 하고 있는 셈이다.

 소나무나 잣나무가 많은 숲을 가을이나 겨울에 걷다 보면 누군가 갉아먹고 남은 솔방울 고갱이들을 볼 수 있는데, 대부분 청설모의 먹이 흔적이다. 청설모는 침엽수 씨앗을 먹이로 하는 경향이 강하며, 열매를 딴 뒤 나무 위에서 까먹고 땅 위로 버리기 때문에 땅 위에 솔방울 고갱이들이 어지럽게 흩어져 있는 것이다(80쪽 '청설모의 먹이 흔적' 사진 참조).

털

철조망에 낀 너구리 털.
2004년 4월 전북 남원 요천

땅 위에 사는 모든 온혈동물은 저마다 털과 깃을 갖고 있으며 종의 생존에 가장 유리하도록 선택해 왔다. 비록 가늘고 눈에 잘 띄지는 않지만 동물의 몸에는 무수히 많은 털과 깃이 있으며 늘 새로 빠지고 돋아나기 때문에 숲을 관찰할 때 우리는 다양한 털과 깃을 발견하게 된다. 게다가 동물들은 항상 털과 깃을 사람이 머리와 옷에 신경 쓰는 것 이상으로 가꾸기 때문에, 털과 깃을 이해하는 것은 종을 구분하는 데 도움을 줄 뿐만 아니라 종의 특성을 이해하는 데도 매우 중요한 실마리를 던져 준다.

기본적으로 털과 깃은 외부의 차갑거나 뜨거운 기온과 눈과 비로부터 체온을 유지하도록 해 주며, 천적이나 먹잇감이 자신을 발견하지 못하게 하는 보호색의 기능을 한다. 하지만 어떤 동물은 자신의 털빛이 오히려 눈에 잘 띄도록 하는 전략을 쓰기도 한다. 노루는 엉덩이의 차안 털을 펼쳐 동료들에게 위험을 알리고, 장끼(수꿩)는 화려한 색깔의 깃으로 번식에서 우위를 차지하려고 한다.

우리는 주변에서 수많은 개와 고양이를 보며, 쇼핑을 하면서 진열되어 있는 수많은 모피 제품과 액세서리를 지나친다. 이럴 때 그냥 지나치지 말고 한번쯤 털 모양과 재질에 관심을 갖는다면 동물마다 서로 다른 털과 털의 느낌이 있음을 알 수 있다. 집 안의 개와 고양이의 털을 자세히 비교해 보고, 이따금 매장의 판매원에게 어떤 동물의 모피인지 물어보고 느낌을 확인해 보길 바란다. 비록 염색이 되었더라도 그 동물의 실체를 피부로 느끼고 있는 것이니까 말이다.

노루와 고라니의 털

사슴과 동물의 털은 전체적으로는 곧지만 자세히 보면 구불구불한 잔물결 모양을 하고 있으며, 모근 쪽으로 갈수록 흰색을 띤다. 털 속이 빨대처럼 비어 있어 쉽게 꺾이고 끊어지는데, 겨울털이 특히 그러하다.

야외에 나가 보면 이따금 사슴처럼 뛰어가는 동물과 마주치는데, 우리나라에선 고라니나 노루라고 보면 틀림없다. 대부분 고라니고 노루는 가끔씩 보인다. 물론 노루 수컷은 뿔이 있어서 금방 알 수 있지만 노루 암컷이거나

❶ 고라니 털.
2006년 1월 전남 구례
❷❸ 쓰러진 나무껍질에 낀 노루 털.
2003년 9월 지리산 노고단

고라니라면 순식간에 사라지는 녀석을 보고 노루인지 고라니인지 알아보기란 쉽지가 않다. 하지만 몇 가지 사실을 기억한다면 그리 어렵지 않게 두 동물을 알아볼 수 있다.

고라니는 털빛이 연중 회갈색이나 어두운 갈색을 띠는 반면, 노루는 여름엔 소처럼 붉은색을 띠고 겨울엔 고라니와 같은 색깔이다. 이처럼 겨울엔 고라니와 노루의 털빛이 같지만 노루는 엉덩이가 흰색 털로 덮여 있고 달릴 때 이 흰색 털을 활짝 펼쳐 눈길을 끌기 때문에 고라니와 쉽게 구분할 수 있다. 물론 가까이서 살펴볼 수 있다면 고라니 수컷은 긴 송곳니가 밖으로 나와 있으며, 노루에게는 밖으로 보이지 않는 꼬리가 고라니에게는 손가락 길이만큼 있다는 사실을 기억할 필요가 있다.

오소리와 너구리의 털

오소리와 너구리를 혼동하는 사람들이 많다. 너구리와 오소리의 형태와 생태의 차이점에 대해서는 2부에서 소개되는 각 종별 설명을 참고하기 바라며, 여기서는 두

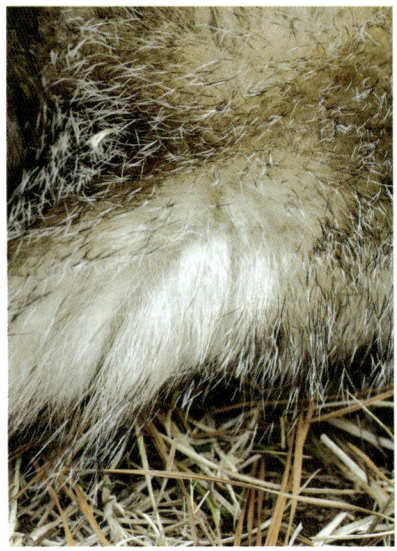

왼쪽의 오소리 털은 끝이 희고, 오른쪽의 너구리 털은 끝이 검다.

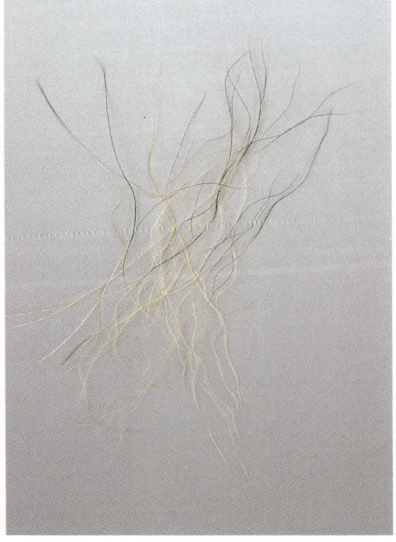

동물의 털이 어떻게 다른지만 알아보겠다.

땅에 떨어진 오소리의 털은 대개 모근은 흰색이고 중간을 넘어서면 검은색으로 바뀐 다음 다시 흰색으로 끝난다. 반면 너구리는 모근이 검은색이나 흰색이며 중간은 흰색이고 끝은 검은색이다. 다시 말해 너구리는 털끝이 검지만 오소리는 희다. 또한 너구리 털은 오소리에 비해 조금 더 구불구불하며, 털의 재질은 둘 다 나일론 실 느낌이다.

너구리와 분류군이 전혀 다른 초식동물인 산양은 특이하게도 너구리 털과 아주 비슷한 부분이 있으므로 산양이 사는 지역에서는 털 한두 개만 보고 누구의 털인지 쉽게 단정해서는 안 된다.

삵과 멧토끼의 털

삵과 멧토끼의 털은 다른 동물들에 견주어 가늘고 짧은 편이며 곧고 아주 부드러워 서로 유사한 면이 있다. 멧토끼 털이 삵보다 훨씬 부드러우며, 삵은 털 전체가 누렇거나 갈색이지만 멧토끼 털은 모근 부분이 회색이나 흰

삵과 멧토끼의 털.

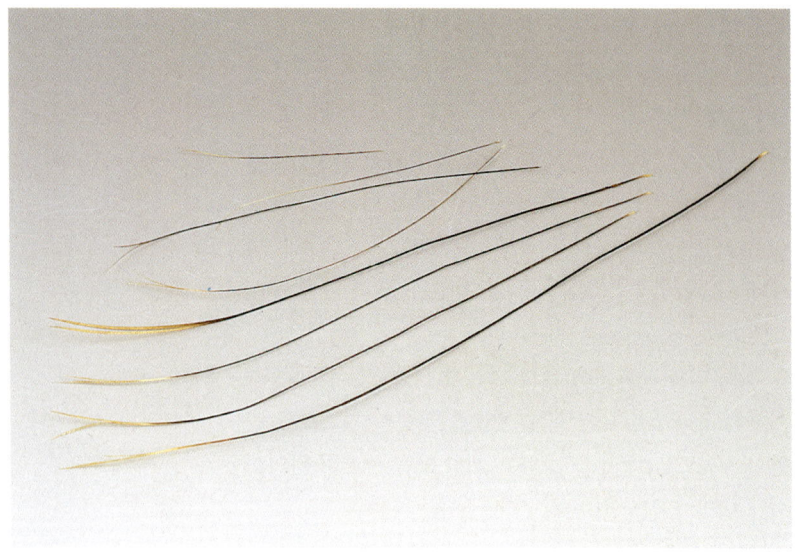

멧돼지 털.

색이며 중간에 누런색을 띠다 검은색으로 끝나는 경우가 많다. 또한 멧토끼는 피부조직이 약하여 날카로운 곳에 긁히면 피부가 붙은 채로 털 뭉치가 떨어져 있는 경우가 많다.

멧돼지의 털

뻣뻣하고 끝이 갈라진 머리카락을 흔히 "돼지 털 같다"고 한다. 실제로 멧돼지의 털은 굵은 나일론 실처럼 뻣뻣한 느낌이 나고, 구불구불하지 않고 곧으며, 끝이 두세 갈래로 갈라져 있다. 색깔은 흰색, 갈색, 회색 따위로 다양하며 털 하나만 보면 검은색과 흰색이 섞여 있거나 검은색만으로 된 털이 많다. 털 길이는 대개 5cm 안팎이지만 10cm 넘게 긴 털도 많다.

산양과 염소의 털

산양은 강원도와 경상북도에 걸친 백두대간 바위 절벽 지대에 사는데, 사람들이 기르던 염소가 사는 일도 있

산양

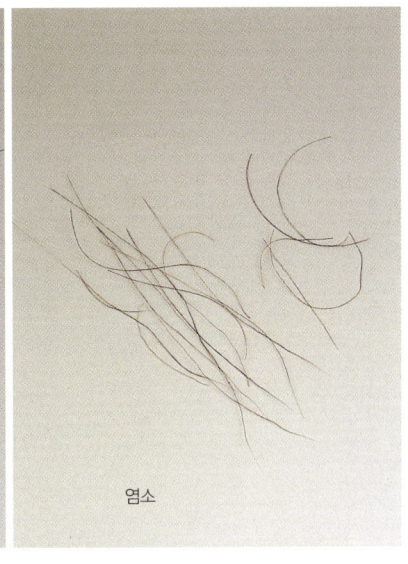
염소

산양과 염소의 털.

다. 이때 산양과 염소의 서식 여부를 확인하는 가장 확실한 방법은 털을 찾아보는 것이다. 우리나라 염소는 거의 흑염소로서 온통 검은색 털로 덮여 있는 반면, 산양은 흰색, 갈색, 검은색 털이 섞여 있고 털 하나에도 여러 색깔이 섞여 있기도 하다. 또한 흑염소는 털이 짧고 곧은 편인데 산양 털은 훨씬 길고 구불구불한 경우가 많다.

2부
짐승의 흔적

포유류란

포유류는 생물 분류학상 포유동물강(Class Mammalia)을 말한다. 이들은 암컷이 새끼에게 젖을 먹이며, 따뜻한 피가 흐르고, 몸에 털이 나 있으며, 돌출된 큰 귀와 입 안에는 치아가 있는 공통점이 있다. 또한 포유류는 대부분이 야행성이며, 몸을 숨기는 데 뛰어나고, 사람의 귀로 들을 수 있는 소리를 잘 내지 않기 때문에 많이 서식하고 있다 하더라도 우리의 눈에 띄는 경우는 흔치 않다.

지난 2백만 년 동안 포유류는 세계 곳곳에서 번성해 왔다. 포유류는 몸무게가 채 3g이 되지 않는 박쥐(liliputian Kitti's hog-nosed bat, *Craseonycteris thonglongyai*)에서부터 120톤이 넘는 대왕고래(blue whale, *Balaenoptera musculus*)에 이르기까지 형태와 크기에 있어서 경이로울 만큼 다양하다.

포유류는 세계에 25목 4,629종이 발견되었으며, 어류·양서류·파충류·조류와 함께 척추동물에 속한다. 우리나라의 포유류는 8목 123종의 종명이 보고되어 있으나, 실제로 몇 종이 서식하고 있는지에 대해서는 명확하게 파악되지 못하고 있다.

한국의 육상 포유동물 81종

목명	과명	종명
식충목	고슴도치과	고슴도치
	두더지과	두더지
	첨서과	땃쥐, 제주땃쥐, 작은땃쥐(우수리땃쥐), 갯첨서, 뒤쥐, 백두산뒤쥐, 쇠뒤쥐, 큰발뒤쥐, 꼬마뒤쥐, 큰첨서, 긴발톱첨서
박쥐목	관박쥐과	관박쥐, 제주관박쥐
	애기박쥐과	윗수염박쥐, 작은윗수염박쥐, 긴꼬리윗수염박쥐, 흰배윗수염박쥐, 오렌지윗수염박쥐, 물윗수염박쥐, 큰발윗수염박쥐, 참긴가박쥐, 검은토끼박쥐, 집박쥐, 큰집박쥐, 멧박쥐, 북방애기박쥐, 안주애기박쥐, 생박쥐, 고려박쥐, 문둥이박쥐, 서선졸망박쥐(고바야시박쥐), 작은관코박쥐, 금강산관코박쥐, 북관코박쥐, 긴날개박쥐
	큰귀박쥐과	큰귀박쥐
설치목	다람쥐과	청설모, 다람쥐, 하늘다람쥐
	뛰는쥐과	긴꼬리꼬마쥐
	쥐과	집쥐(시궁쥐), 곰쥐(애급쥐), 생쥐, 멧밭쥐, 등줄쥐, 북숲쥐, 흰넓적다리붉은쥐, 비단털들쥐, 대륙밭쥐, 숲들쥐, 갈밭쥐, 쇠갈밭쥐, 비단털등줄쥐, 비단털쥐
토끼목	생토끼과	생토끼(우는토끼)
	토끼과	멧토끼
식육목	개과	너구리, 늑대, 승냥이, 여우
	곰과	반달가슴곰, 불곰
	족제비과	족제비, 쇠족제비(무산쇠족제비), 수달, 담비, 오소리, 검은담비
	고양이과	삵, 스라소니, 표범, 호랑이
우제목	멧돼지과	멧돼지
	사향노루과	사향노루
	사슴과	고라니, 노루, 꽃사슴(대륙사슴), 누렁이(백두산사슴)
	소과	산양

종(species), 아종(subspecies), 종 분화(speciation)

종은 서로 교배가 가능하고 자손을 생산할 수 있는 개체군 또는 개체군의 집단을 말한다. 이따금 이종교배를 통해 잡종이 태어나기도 하지만 대개는 번식 능력이 없다. 아종은 같은 종에 포함되지만 각각 새로운 종으로 발전할 수 있는 개체군을 뜻한다.

한 종이 둘 이상의 종으로 나뉘는 것을 종 분화라고 한다. 종 분화의 첫 단계는 종에 포함되는 전체 개체군에서 하나 또는 여러 개체군이 고립되는 것이다. 고립된 개체군은 나머지 개체군과 서로 교배할 수 없게 되어 다른 방향으로 진화해 갈 수 있고 시간이 흐르면 서로 분리된 개체군에 속한 개체들 사이에 더 이상 교배가 불가능해질 수 있다. 이때 교배를 불가능하게 만드는 요인으로는 유전학적, 형태학적, 행동학적, 생태학적 요인 등을 들 수 있는데, 예를 들어 짝짓기 시기가 서로 달라졌거나 유전학적으로 서로 일치하지 않는 경우가 있다.

식충목

식충목(Insectivora)은 세계에 7과 428종이 있다. 이 가운데 5과는 매우 한정된 지역에 분포하는 반면, 312종이 있는 땃쥐과(Soricidae)와 42종이 있는 두더지과(Talpidae)는 널리 서식하고 있어 우리가 흔하게 볼 수 있다(Whitaker, 1996). 우리나라에는 고슴도치과(Erinaceidae) 1종, 두더지과 1종, 첨서과(Soricidae) 11종이 살고 있다(한상훈, 2004).

우리나라에 사는 식충목은 소형 포유류로서 짧은 털

죽은 등줄쥐를 먹는 땃쥐.
2004년 10월 충남 서산

두더지의 뾰족한 코. 식충목의 가장 중요하고 예민한 감각기관은 길게 튀어나온 코다.

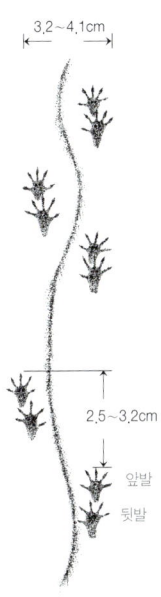
땃쥐가 걸은 발자국

이 밀집해 있으며, 앞발과 뒷발 모두 다섯 개의 발가락을 지니고 있다. 또 눈과 귀가 작고, 귀는 흔히 털 아래 숨겨져 있으나 청각은 예민한 편이다. 곤충을 먹고 산다는 뜻에서 식충목이라는 이름이 붙었듯이, 주로 곤충과 애벌레를 먹지만 다른 무척추동물도 잘 먹는다. 실제 식충목보다는 박쥐목(Chiroptera)에 속하는 우리나라의 박쥐들이 곤충을 더 즐겨 먹는다.

땃쥐와 쥐의 차이

땃쥐(shrew)는 식충목에 속하는 육식성 동물이지만 쥐(mouse)는 설치목에 속하는 잡식성 동물이며 주로 풀 따위를 먹는다. 땃쥐는 쥐와 비슷하게 생겼지만 코가 길고 뾰족하며, 바늘처럼 뾰족하고 날카로운 이빨이 줄지어 있다. 쥐는 대개 앞발은 발가락이 넷이고 뒷발은 발가락이 다섯이지만, 땃쥐는 네 발 모두 발가락이 다섯 개다. 땃쥐는 두더지처럼 벨벳 같은 털이 짧고 빽빽하게 나 있어 땅속 굴을 돌아다닐 때 아주 효과적이다.

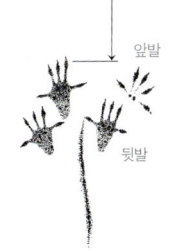
갯첨서가 뛰어간 발자국

고슴도치 *Erinaceus amurensis*

분류 식충목 고슴도치과
영명 Amur hedgehog
몸무게 600~1,000g 안팎
수명 4년 내외
임신기간 40~58일
새끼 평균 3~4마리
먹이 곤충, 지렁이, 새알, 과일

2001년 9월 서울 궁동

우리나라 식충목 가운데 가장 크며 유일하게 몸에 가시가 나 있다. 몸의 등 전체와 옆면이 단단하고 날카로운 가시로 덮여 있으며, 사람이나 천적의 공격을 받으면 달아나지 않고 몸을 공처럼 웅크려 방어한다.

우리나라의 종은 동북아시아에 분포한다. 예전에 뱀을 잡으려고 쳐 놓은 그물에 뱀과 함께 잡혀 약용으로 많이 쓰였다. 한반도 전체에 분포하며 제주도에는 살지 않는다. 국내 야생동물 구조기관에 비교적 많은 수의 고슴도치가 신고되지만 유럽과 달리 매우 드물게 교통사고로 희생되어 개체수의 많고 적음을 판단하기 어렵다.

사는 곳과 생활

고슴도치 새끼.
2001년 9월 서울 궁동

침엽수림보다는 활엽수림에 많이 살며 숲 둘레의 떨기나무 덤불과 풀밭 또는 녹지가 연결된 도시 공원에서도 살지만 흙이 기름져 무척추동물이 많은 곳을 좋아한다. 겨울에는 겨울잠을 잔다. 오소리처럼 곤충 따위의 무척추동물을 주로 먹기 때문에 먹이를 찾기 어려워지는 11월쯤 겨울잠에 들고 3월에 깨어나지만 이따금 겨울에

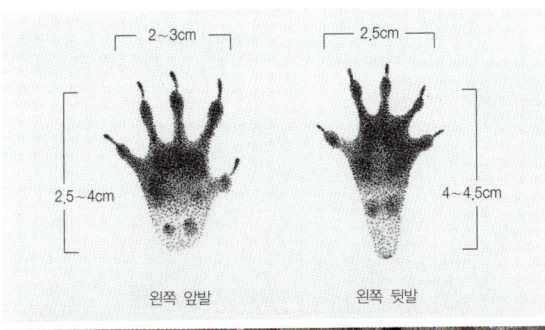

고슴도치 발자국. 2002년 4월 서울 관악산

도 돌아다닌다. 올빼미나 수리부엉이 같은 야행성 맹금류가 주된 천적이다.

발자국

고슴도치는 대개 걸어다닌다. 발가락은 앞발과 뒷발 모두 5개지만 4개씩 찍히는 경우가 많다. 제법 긴 발톱 자국이 함께 찍힌다. 앞발과 뒷발은 크기가 비슷하지만 뒷발의 너비가 조금 더 좁다.

배설물

길이 2~4cm, 두께 1cm를 넘지 않는 원통형의 똥을 누며 한쪽 끝이 뾰족하고 윤기 있는 검은색을 띠는 경우가 많다. 곤충을 많이 먹기 때문에 똥에 곤충의 껍질 따

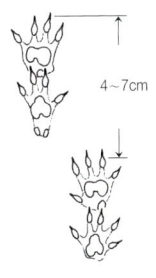

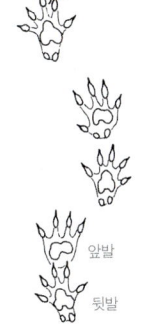

고슴도치가 걸어간 발자국

고슴도치 똥.
2003년 10월 서울 관악산

담비 똥에 섞여 있는 고슴도치의 가시.
2003년 3월 경북 백암산

위가 섞여 있으며, 마디가 없고 배설물이 윤기를 띤다. 여름철에는 오디나 산딸기 따위의 열매 씨앗이 섞이는 수가 많다.

똥자리는 따로 없고, 주로 풀밭 위에서 똥을 찾을 수 있다.

그 밖의 흔적

부엉이나 올빼미 들이 고슴도치를 잡아먹은 다음 가시가 많은 등 쪽의 피부만을 버려두곤 한다.

❶ 맹금류한테 잡아먹히고 껍질만 남은 고슴도치.
2005년 6월 태백산
❷ 고슴도치 등에 난 강하고 날카로운 가시.
2003년 3월 전남 구례

두더지 *Mogera robusta*

분류 **식충목 두더지과**
영명 large mole
몸무게 100g 안팎
먹이 지렁이, 굼벵이, 곤충 등

2002년 11월 지리산 피아골

땅속을 파고 다니기 알맞게 진화했다. 땅을 파는 앞발은 크고 발가락은 짧으며 발톱은 크고 강하다. 몸은 뚱뚱하고 목은 분명하지 않으며 꼬리는 짧다.

청각은 발달해 있으나 시력은 매우 약하며, 가장 예민하고 중요한 감각기관은 유연하고 뾰족하게 튀어나온 코다. 지렁이, 굼벵이, 개미 따위의 무척추동물을 주로 먹는다. 두더지과는 세계적으로 42종이 있으며, 유라시아와 북아메리카에 걸쳐 분포한다. 우리나라의 두더지는 한반도, 만주, 연해주에 분포하는 종에 속한다.

사는 곳과 생활

한반도 전역에 흔하게 분포하며, 제주도와 울릉도에는 살지 않는다. 산림과 풀밭에 모두 살지만 흙이 기름진 풀밭과 밭이 있는 곳에서 가장 많이 산다. 땅굴을 파고 살기 때문에 땅이 단단하고 돌이 많은 곳에서는 수가 적다.

주로 이른 아침에 굴을 파지만 습한 날에는 낮에도 굴을 파고 다니는 것을 볼 수 있다. 햇볕이 내리쬐는 곳은 잘 견디지 못한다. 두더지가 땅을 판 흔적을 통해 서

❶ 두더지가 판 굴.
2003년 10월 전북 남원 주촌천
❷ 강하고 긴 발톱이 달린 두더지의 짧고 넓은 앞발.
❸ 두더지가 도로 가장자리의 턱에 막혀 밖으로 나가지 못하고 있다. 땅속에서 주로 생활하는 두더지는 거의 뛰어오르지 못한다.
2004년 7월 전북 남원
❹ 축축하고 흐린 날에는 낮에도 활발히 움직여 이따금 땅속에서 들썩이며 굴을 파는 두더지의 모습을 볼 수 있다.
2003년 8월 지리산 악양 형제봉

두더지가 빠르게 걸은 발자국. 두더지가 지상으로 나오면 재빨리 기어 흙 속을 파고들어간다.

식 여부를 알 수 있는데, 보통 두 가지가 눈에 띈다. 하나는 표토 아래를 수평으로 터널처럼 지나가며 만든 기다란 모습이며, 다른 하나는 땅을 수직으로 깊이 파고들어가며 한 지점에 흙무더기를 쌓아 놓은 모습이다. 표토와 수평으로 길게 만들어진 모습은 밭처럼 노출된 지표면에서 흔하게 보이며, 수직으로 파고들며 만든 흙무더기는 묘지와 같이 지표가 짧은 풀로 덮인 곳에서 볼 수 있다. 이러한 흙무더기의 아래에는 두더지의 암컷이 새끼를 낳고 기르는 방이 마련되어 있는 경우가 많다. 이때 흙무더

❶ 두더지 발자국.
2006년 7월 강원도 양구
❷ 왕개미의 흙무더기는 두더지의 것보다 크기가 작거나 비슷하며 흙이 작게 뭉쳐 있고, 왕개미의 출입구가 있는 점에서 두더지의 것과 다르다.
2006년 4월 전북 정읍
❸ 두더지 흙무더기.
2006년 2월 전남 광양

기의 높이와 폭이 10cm 이하의 작은 것은 두더지가 아닌 개미가 만들어 놓은 경우가 많으므로 혼동하지 않아야 한다.

발자국

두더지의 발자국과 걸음걸이는 관찰하기 힘들다. 대개는 비가 그친 뒤 밤에 농로를 가로지른 흔적을 통해 발자국을 볼 수 있다.

앞발자국은 명확하지 않으며 발가락볼과 발톱 자국 또는 발톱 자국만 남는다. 지면이 무른 곳에서는 뒷발자국이 선명하게 찍히나 마른 지면에서는 희미하게 보이거나 찍히지 않는다. 왼쪽과 오른쪽 발 사이에는 몸을 질질 끌고 간 흔적이 길게 남기도 한다. 뒷발자국 크기는 가로 1cm×세로 1.5cm 정도이다.

곤충인 땅강아지의 굴. 두더지처럼 굴을 파고 다니지만 굴 너비가 1cm 내외로 매우 작다.
2006년 7월 전남 구례

설치목

설치목(Rodentia)은 지구상에 약 3000종이 분포하는 가장 큰 포유동물 목이다. 전 세계 포유류 종의 절반 이상이 설치목에 속하므로 만일 마릿수로 따진다면 포유류의 대다수는 설치류일 것이다.

설치목은 위턱과 아래턱에 각각 한 쌍의 앞니가 있으며, 송곳니가 없이 앞니와 어금니 사이가 멀리 떨어진 채 비어 있다. 앞니는 앞쪽만 사기질(에나멜질)로 단단하게 덮여 있다. 아랫니와 윗니를 비벼 비교적 약한 앞니의 안

먹이를 땅에 묻는 청설모. 설치류의 일부는 겨울을 대비해서 가을에 먹이를 저장하는데, 설치류의 일부가 죽거나 숨겨둔 곳을 찾지 못해 남겨진 땅속의 열매들은 이듬해 봄에 싹이 튼다. 그럼으로써 나무는 애초 땅에 떨어진 곳보다 더 먼 곳에 안정적으로 씨앗을 퍼트릴 수 있게 된다.
2004년 11월 충남 서산

쪽을 빨리 닳게 함으로써 앞니를 날카로운 끌 모양으로 만들어 단단한 물질을 쏠 수 있게 한다. 앞니는 일생 동안 자라므로 그 속도에 맞춰 단단한 물질을 갉음으로써 항상 앞니를 닳도록 해 알맞은 길이를 유지한다. 머리 양옆에 둥그런 눈이 툭 튀어나와 있어 앞과 뒤를 모두 볼 수 있을 뿐 아니라 넓은 시야로 위험을 알아챈다.

　보통 앞발은 발가락이 네 개고 뒷발은 발가락이 다섯 개다. 청설모와 다람쥐를 제외하면 대부분 야행성이어서 밤에 먹이를 구하러 다닌다.

　몸집에 견주어 피부 면적이 넓으므로 체온을 쉽게 잃는다. 이 때문에 아주 활발하게 움직임으로써 체온을 일시적으로 높이는데, 이것이 다시 에너지의 소모를 가져온다. 그래서 자신들보다 덩치가 크거나 덜 움직이는 동물들보다 더 많이 먹음으로써 힘을 보충한다.

　몇몇 종은 사람에게 질병을 옮기거나 식량을 축내고 음식을 오염시키며 재산을 파괴하기도 하지만, 대다수 종은 주로 풀씨와 곤충을 많이 먹어 이들의 수를 조절해 준다.

청설모 (청서) *Sciurus vulgaris*

분류 설치목 청설모과
영명 Eurasian red squirrel
몸무게 200~500g 안팎
수명 야생 7년, 동물원 12년
번식 연 2회
임신기간 38~39일
새끼 1~10마리, 보통 3~10마리
독립 생후 8~10주 후
성성숙 1년
먹이 잣, 솔방울, 호두, 밤,
　　　도토리, 곤충

2004년 6월 전북 김제 원평

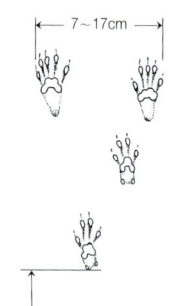
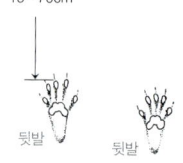
뒷발　　뒷발

앞발　　앞발

청설모가 뛰어간 발자국

주로 나무 위에서 사는 소형 포유류로서 회갈색 또는 적갈색 몸에 가슴과 배는 희고 꼬리가 크다. 겨울철에는 털 길이가 훨씬 길어지며 귀 끝에 긴 털이 생긴다.

　잣나무와 소나무 같은 침엽수 씨앗과 호두, 밤, 도토리 같은 활엽수의 열매를 즐겨 먹는다.

　유라시아 북부에 널리 분포한다. 다른 나라에서 들어온 종으로 잘못 알려져 있으나 청설모는 제주도 등지의 섬 지역을 뺀 전국에 살고 있는 종이다.

사는 곳과 생활

　침엽수림에 사는 대표 종이나 호두나무, 밤나무, 참나무 같은 활엽수가 있는 곳에서도 산다. 청설모는 나무 위에서 생활한다는 점에서 하늘다람쥐와 비슷하지만, 하늘다람쥐는 활엽수림에 주로 산다. 또 다람쥐는 활엽수림과 풀밭을 좋아하고 땅 위에서 활동한다는 점이 청설모와 다르다.

발자국

걷지 않고 주로 뛰어다닌다. 앞에 뒷발 자국 2개, 뒤에 앞발 자국 2개가 나란히 규칙적으로 찍힌다. 또 뒷발 자국이 앞발 자국보다 크다. 뒷발은 발가락이 5개, 앞발의 발가락은 4개이며, 뒷발의 발가락에서 가운데 발가락 3개는 길고 좁게 찍힌다.

나무 위에서 주로 활동하기 때문에 발자국이 땅 위에 계속 이어지지 않고 나뭇가지 끝이나 줄기에서 시작되고 사라지는 경우가 많다. 층층나무처럼 껍질이 부드러운 나무에는 가늘고 나란한 발톱 자국을 얕게 남긴다.

❶ 청설모는 나무 위에서 주로 생활하기 때문에 발자국이 나무에서 시작하거나 끝난다. 2005년 2월 중국 헤이룽장 성
❷ 청설모 발걸음. 2002년 3월 대관령
❸ 위쪽이 뒷발, 아래가 앞발이다. 2002년 3월 대관령
❹ 청설모 뒷발 자국. 2005년 5월 전북 남원

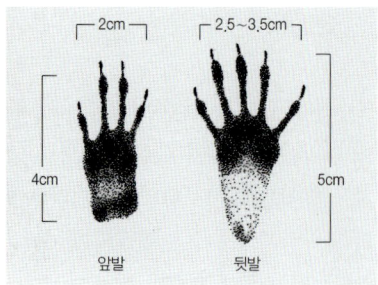

먹이 흔적

강한 아래 앞니로 솔방울의 비늘을 벗겨내면서 생긴 부스러기와 강정을 땅에 수북이 떨어뜨린다.

겨울에는 눈을 파헤쳐 먹이를 찾은 흔적을 남긴다. 지름 10~20cm 되는 자리를 파헤쳐 놓는데, 눈 밖으로 낙엽이 몇 개씩 끄집어져 나와 있다. 파헤친 눈 가장자리가 거칠고, 굴로 이어지지 않아 다른 설치류나 족제비의 굴과 구별된다.

다져진 눈에서는 청설모의 발자국이 잘 남지 않아 어치 등의 새가 파헤쳐 놓은 것으로 오인하지 않아야 한다.

호두, 도토리, 밤, 돌배 같은 열매를 따서 갉아먹은 흔

❶ 청설모가 까먹은 솔방울. 2006년 10월 경남 창녕
❷ 겨울에는 눈 밑을 파헤쳐 도토리 같은 열매를 찾아내는데, 정확한 위치를 알고 찾기 때문에 사람 손바닥만 한 넓이의 땅과 낙엽만이 조금 파헤쳐진다. 2002년 1월 설악산 가는고래골
❸ 청설모가 까먹고 남긴 돌배. 2003년 8월 지리산 대성골

적을 볼 수 있다.

그 밖의 흔적

까치 둥지처럼 나무 위에 나뭇가지를 모아 집을 짓거나 나무 구멍을 이용한다. 까치는 보통 활엽수에 짓지만 청설모는 소나무 같은 침엽수에 짓는 점이 다르다. 멧비둘기도 청설모처럼 소나무 위에 가지를 모아 짓지만, 멧비둘기의 집은 크기가 작고 나무 아래에서 둥지 틈으로 하늘이 보일 정도로 엉성하고 평평하다는 점에서 청설모의 집과 다르다.

같은 설치목에 속하는 다람쥐와 하늘다람쥐가 금속성의 "찍찍" 하는 소리를 내는 것에 비해 "우구구구" 하는 굵고 큰 소리를 낸다.

청설모는 길이가 5mm 안팎이며 타원형 또는 뾰족하고 찌그러진 모양의 똥을 눈다. 똥이 작은 데다 똥자리가 따로 없기 때문에 보기가 아주 어렵다.

나무 위의 청설모 발톱 자국. 나무껍질이 벗겨진 후 때가 탄 곳이거나 층층나무처럼 껍질이 연한 곳에 발톱 자국이 남는다. 담비 발톱 자국처럼 날카롭게 파이지 않고 가늘고 얕으며 힘이 없다.
2005년 설악산 가리봉

❶ 청설모는 침엽수 위에 나뭇가지를 빽빽하게 모아 까치 둥지처럼 집을 만든다. 하지만 까치는 대개 활엽수에 둥지를 튼다. 2003년 5월 경남 하동
❷ 청설모 둥지 안쪽. 2004년 4월 경기도 이천
❸ 청설모의 커다란 앞니. 2001년 11월 러시아 연해주

다람쥐 *Tamias sibiricus*

분류 설치목 청설모과
영명 Siberian chipmunk
몸무게 100g 미만
짝짓기 4월 중순
번식 연 1~2회
새끼 보통 4~6마리
먹이 잣, 솔방울, 호두, 밤, 도토리, 곤충

2003년 8월 지리산 악양 형제봉

누런 바탕에 등에는 진한 밤색 줄무늬가 굵게 나 있고 꼬리가 크다. 설치목의 동물들이 대부분 야행성인 데 견주어 청설모와 더불어 낮에 활발하게 움직인다.

유라시아의 북부에 분포하며 일본 홋카이도에서도 살고 있다. 우리나라에서 가장 흔하게 볼 수 있는 야생 포유류로서, 제주도에는 서식하지 않았으나 최근 몇 군데에 도입되어 살고 있다.

사는 곳과 생활

나무에도 잘 올라가지만 주로 땅 위에서 생활하며, 돌 틈에 난 구멍이나 굴을 파고 들어가 숨는다. 풀밭, 돌무더기, 활엽수가 어우러진 곳에 많이 살지만 천적인 고양이가 많이 돌아다니는 곳에서는 눈에 잘 띄지 않는다. 겨울에는 굴에 들어가 겨울잠을 잔다.

발자국

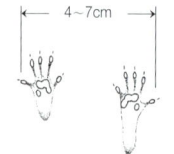
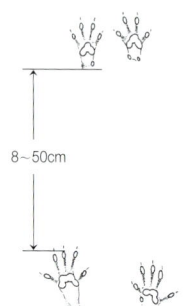

다람쥐가 뛰어간 발자국

걷지 않고 주로 뛰어다닌다. 앞에 뒷발 자국 2개, 뒤에 앞발 자국 2개가 나란히 규칙적으로 찍힌다. 또 뒷발 자국이 앞발 자국보다 크다. 뒷발은 발가락이 5개, 앞발은 발가락이 4개이며, 뒷발의 발가락에서 가운데 발가락 3개는 길고 좁게 찍힌다.

다람쥐의 발자국은 청설모의 발자국과 비슷하지만 크기가 더 작다. 겨울잠을 자는 겨울에는 발자국을 보기 어렵다.

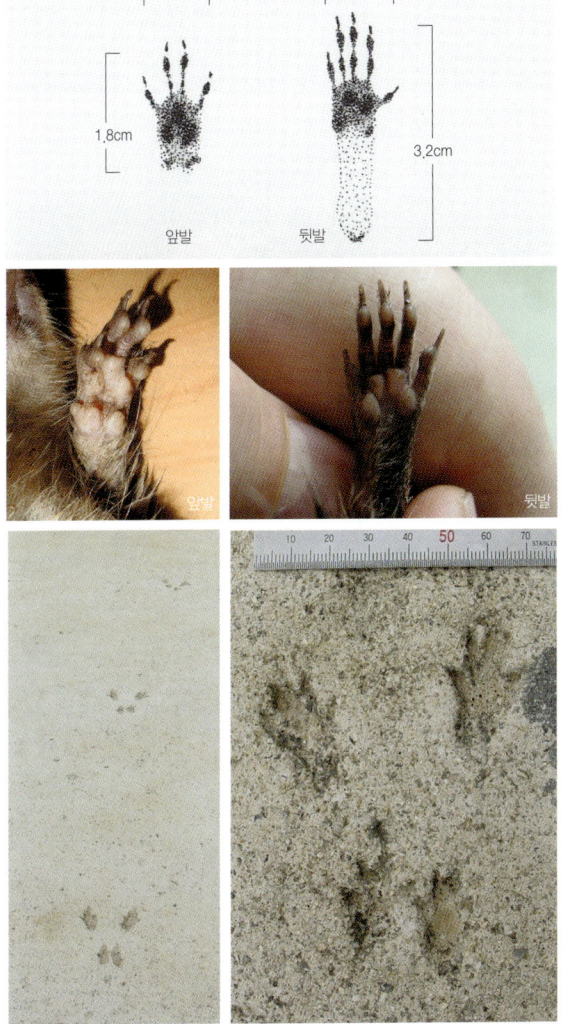

왼쪽은 다람쥐가 굳지 않은 시멘트 위를 뛰어가며 남긴 발자국. 오른쪽은 다람쥐 발자국. 2003년 6월 전북 운봉

❶ 다람쥐는 여러 가지 풀씨를 주로 먹는다.
2004년 5월 전북 정읍
❷ 돌 위에 있는 다람쥐 똥.
2003년 12월 경기도 용인 에버랜드

배설물

다람쥐 똥은 길이가 5mm를 넘지 않으며 타원형 또는 뾰족하고 찌그러진 모양이다. 크기가 작고 똥자리가 따로 없어서 발견하기 어렵다.

그 밖의 흔적

다람쥐는 주로 낮에 활동을 하므로 직접 눈으로 보거나 "찍찍" 하는 금속성의 울음소리를 통해 서식을 확인할 수 있다. 다만 겨울에는 겨울잠을 자기 때문에 서식 여부를 알기 어렵다.

하늘다람쥐 *Pteromys volans*

분류 설치목 청설모과
영명 Siberian flying squirrel
몸무게 100g 안팎
번식 연 1~2회
임신기간 4주
새끼 보통 2~3마리
먹이 주로 활엽수의 순과 열매

2006년 3월 전북 장수
ⓒ 이윤수

나무 위에서 주로 사는 소형 포유류로서 몸 빛깔은 회갈색이고 앞발과 뒷발 사이에 피부가 이어진 커다란 비막(飛膜)이 있어 활공을 한다. 나무의 순, 어린잎, 껍질, 곤충 따위를 주로 먹는다. 딱따구리가 판 구멍이나 인공 새집 등을 집으로 이용하는데, 딱따구리가 파 놓은 나무 구멍이 부족한 지역에서는 활엽수 나뭇가지에 새 둥지처럼 엮어 집을 만들기도 한다. 밀렵을 당하는 일은 적으나 산림 파괴로 서식지가 줄어 생존이 위협받고 있다. 또 활공하여 도로를 건너다가 교통사고를 당하기도 한다. 유럽의 스칸디나비아 반도에서부터 유라시아의 중북부에 걸쳐 분포한다. 우리나라에서는 전국적으로 산림이 비교적 양호한 지역에 살고 있다.

사는 곳과 생활

오래된 활엽수림에 주로 살지만, 마을 주변의 오래된 포플러 숲에서도 산다. 거의 완전한 야행성이며 낮에는 나무 구멍에 들어가 잔다. 겨울에는 겨울잠을 자지 않지만 활동 시간이 줄어든다.

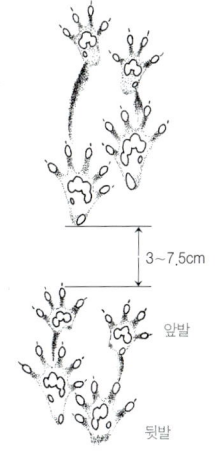

하늘다람쥐가 뛰어간 발자국

배설물

길이 5mm를 넘지 않는 매끄러운 타원형의 똥을 눈다. 보통 설치류의 배설물과 달리 오래되지 않은 하늘다람쥐의 똥은 노랗거나 갈색을 띤다.

집이나 큰 나무 아래에 똥이 쌓이는데, 그런 곳이 활동 공간의 중심이 된다. 똥은 보통 1~3년 동안 유지되는 일이 많아 하늘다람쥐가 지속적으로 살고 있는지를 파악하는 데 도움이 된다(Hanski et al., 2000).

그 밖의 흔적

하늘다람쥐는 야행성이고 나무 위에서 활동하기 때문에 나무 밑둥치의 똥 말고는 서식 여부를 알기 어렵지만, 딱따구리가 쓰고 떠난 나무 구멍 아래에 쌓인 똥이나

❶ 나무의 겨울눈을 먹고 싼 똥이 나무줄기에 떨어져 있다. 2001년 11월 러시아 연해주
❷ 하늘다람쥐는 초식동물이기 때문에 갓 눈 똥의 색깔로 그때그때 먹이를 알 수 있다. 연한 연두색 똥은 나무의 겨울눈을 먹고 싼 것이다. 2005년 2월 전북 남원
❸ 나무 밑에 쌓여 있는 하늘다람쥐 똥. 2005년 2월 전북 남원
❹ 산양 똥에 섞여 있는 하늘다람쥐 똥. 사향노루 똥은 하늘다람쥐 똥과 비슷할 수 있으나 하늘다람쥐의 것보다 조금 더 크고 통통하다. 2001년 9월 설악산 가리봉

포식자에게 잡아먹히고 남은 꼬리 부분, 도로 위의 교통사고 사체 따위로 서식을 확인할 수 있다.

❶ 청딱따구리의 버려진 둥지를 하늘다람쥐가 집으로 삼았다. 2006년 3월 전북 장수
ⓒ 이윤수
❷ 교통사고로 희생된 하늘다람쥐. 새처럼 높이 멀리 날지 못하고 다른 동물처럼 뛰지도 못하기 때문에 교통사고를 당할 위험이 크다.
2005년 2월 전북 남원
❸ 활공할 때 펼치는 하늘다람쥐의 비막.
2005년 2월 전북 남원
❹ 천적한테 잡아먹히고 남은 꼬리.
2001년 3월 지리산 문수계곡

하늘다람쥐는 비막이 있어 나무와 나무 사이로 활공해서 이동하기 때문에 발자국 흔적을 찾기가 매우 어렵다.

그 밖의 설치류

소형 설치류는 대부분 몸무게가 가볍고 체구가 작기 때문에 발자국과 배설물 등의 흔적을 발견하기 어려운 점이 있다. 또한 흔적을 발견하더라도 발자국과 배설물의 모양이 매우 유사하기 때문에 흔적만으로 정확한 종을 구분하는 것은 거의 불가능에 가깝다. 따라서 한 지역에서 어떤 소형 설치류의 종이 살고 있는지를 확인하기 위해서는 덫으로 직접 잡는 방법이 많이 쓰이고 있다.

그러나 이러한 설치류들의 종 구분을 떠나서 거의 모든 설치류들은 수많은 포유류와 조류의 기초 먹이로서 중요한 역할을 하므로, 숲과 초지에 여러 개의 쥐구멍이 눈에 띄거나 부드러운 흙이 노출된 곳에 쥐의 발자국들이 많이 있다면 그 지역은 매우 건강한 생태계로서의 상태를 유지하고 있는 것이며, 다양한 포식자들의 흔적을 인근에서 발견할 가능성이 크다.

다양한 설치류가 살기 좋은 곳이다. 2005년 4월 전북 남원

❶ 대륙밭쥐.
2003년 10월 지리산 뱀사골
❷ 시궁쥐.
2005년 4월 전남 구례 서시천
❸ 제주등줄쥐.
2004년 5월 한라산
❹ 멧밭쥐. 2005년 6월 낙동강
하구 ⓒ 박형욱
❺ 멧밭쥐 둥지.
2006년 6월 전남 구례

 일반적으로 소형 설치류의 발자국을 쉽게 발견할 수 있는 곳은 물이 빠진 논바닥이나 하천 교각 아래에 진흙이 깔린 곳이다. 또한 겨울철 눈이 내린 후 눈이 단단히 다져지기 전에는 설치류들이 꼬리를 끌며 이동한 흔적을 볼 수도 있는데, 이러한 꼬리 흔적을 통해 비교적 긴 꼬리를 가지고 있는 등줄쥐 등이 지나간 흔적인지 꼬리가 짧은 대륙밭쥐와 같은 설치류가 지나간 흔적인지를 추측할 수도 있다. 또한 겨울철 눈이 많이 내리는 지역에서는 눈 속에서 밭쥐류(vole)가 나무의 수피를 갉아먹은 흔적을 이듬해 봄에 많이 볼 수 있다.

발자국(실제 크기)

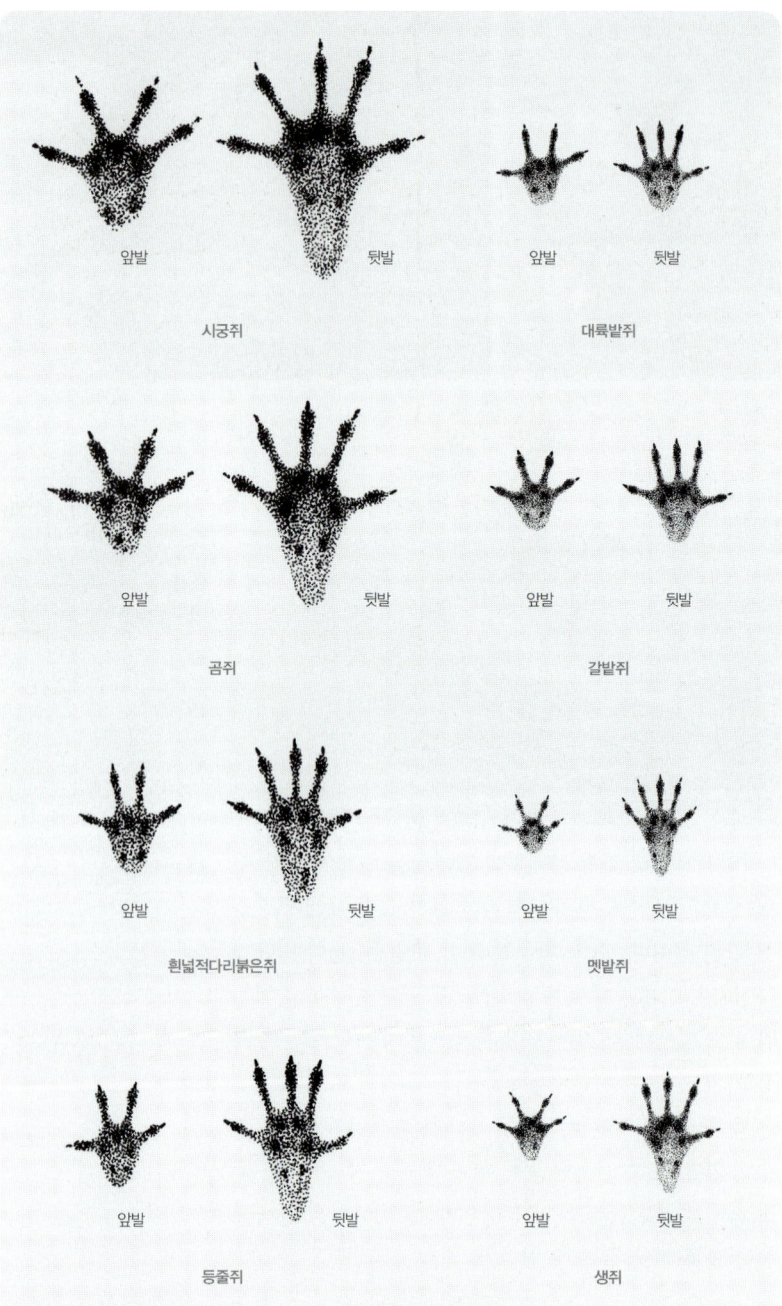

❶ 흰넓적다리붉은쥐의 앞발과 뒷발.
2003년 3월 전남 구례
❷ 시궁쥐의 앞발과 뒷발. 설치류는 앞발의 발가락이 4개이고, 뒷발의 발가락이 5개이다.
2003년 11월 전남 구례
❸ 시궁쥐의 앞발과 뒷발 자국이다. 2003년 10월 전북 남원 주촌천
❹ 들쥐류의 발자국.
2003년 9월 지리산 칠선계곡
❺ 들쥐류의 앞발 자국.
2003년 9월 지리산 칠선계곡
❻ 등줄쥐 뒷발바닥.
2006년 11월 전북 남원 주촌천

이동 흔적

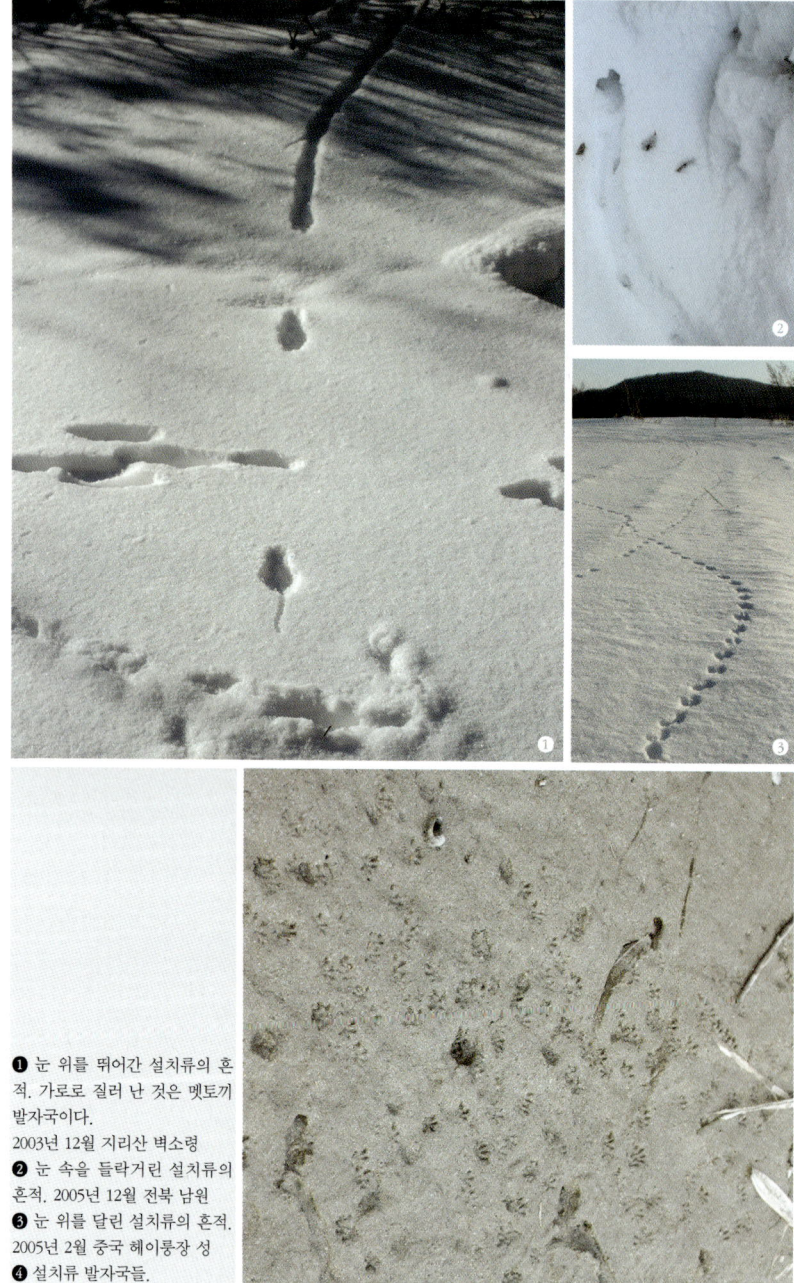

❶ 눈 위를 뛰어간 설치류의 흔적. 가로로 질러 난 것은 멧토끼 발자국이다.
2003년 12월 지리산 벽소령
❷ 눈 속을 들락거린 설치류의 흔적. 2005년 12월 전북 남원
❸ 눈 위를 달린 설치류의 흔적. 2005년 2월 중국 헤이룽장 성
❹ 설치류 발자국들.
2006년 10월 전남 구례

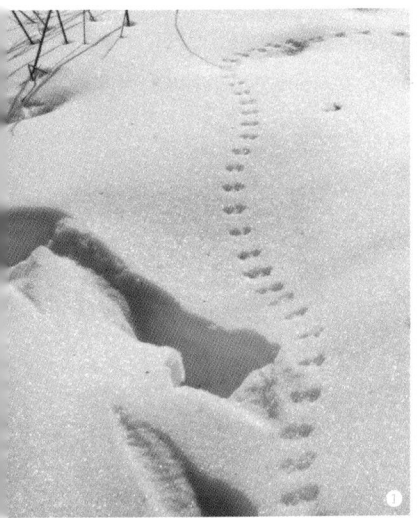

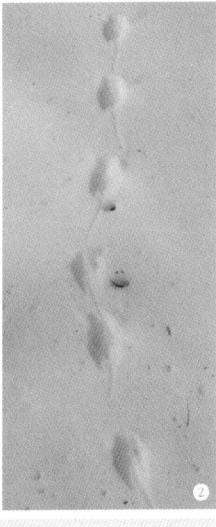

❶ 눈 위를 달린 설치류의 흔적. 왼쪽 아래의 큰 발자국은 멧돼지가 지나간 흔적이다.
2005년 2월 중국 헤이룽장 성
❷ 눈 위에 남은 설치류의 꼬리 흔적. 2003년 1월 지리산 피아골

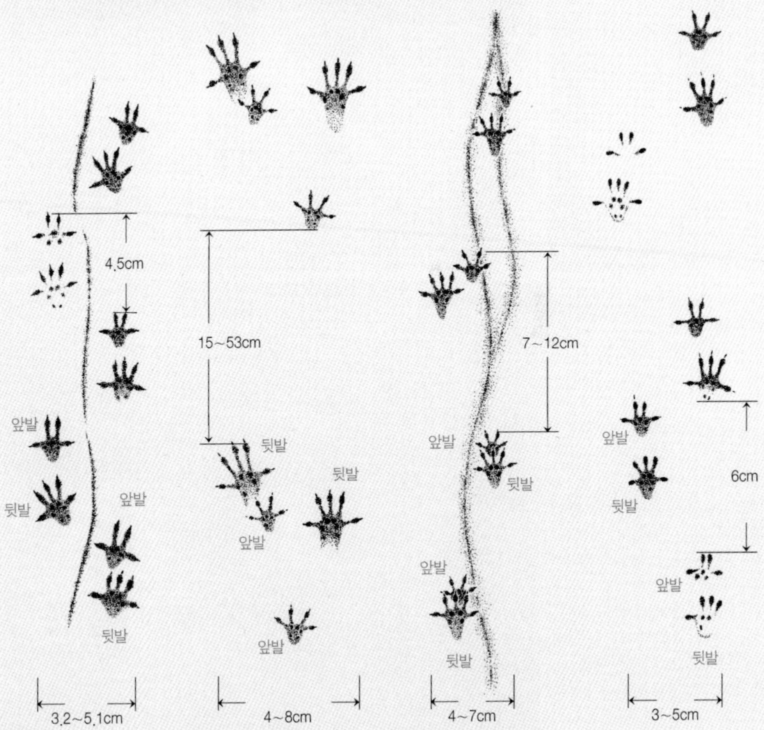

4.5cm
15~53cm
7~12cm
6cm
앞발
뒷발
앞발
뒷발
뒷발
앞발
앞발
앞발
뒷발
앞발
앞발
뒷발
앞발
뒷발
앞발
뒷발
3.2~5.1cm
4~8cm
4~7cm
3~5cm

갈밭쥐가 걸어간 발자국 시궁쥐가 뛰어간 발자국 곰쥐가 걸어간 발자국 대륙밭쥐가 달려간 발자국

먹이 흔적

❶ 호박씨를 먹으려고 호박에 만든 구멍.
2004년 1월 전남 구례
❷ 눈 속에서 갉아먹은 찔레 덩굴의 줄기.
2005년 2월 중국 헤이룽장 성
❸ 굴 입구의 나무껍질을 갉아먹은 흔적. 2001년 3월 북한산
❹❺ 겨울철 눈 속에서 나무껍질을 갉아먹은 흔적과 그 확대 사진. 2003년 6월 지리산 정령치
❻ 설치류는 땅에 떨어진 노루의 뿔이나 죽은 동물의 뼈를 갉아먹어, 칼슘과 같은 미네랄을 섭취한다. 2006년 9월 전남 구례
❼ 소형 설치류가 까먹은 솔방울 부스러기는 청설모의 것과 달리 땅 위에 모아져 있다.
2006년 5월 전북 남원

토끼목

토끼목(Lagomorpha)은 세계에 2과 80종이 분포하며, 오스트레일리아에는 사람을 통해 정착했다. 우리나라에는 생토끼과(Ochotonidae)에 속하는 생토끼 1종과 토끼과(Leporidae)에 속하는 멧토끼 1종이 살며, 학자에 따라서는 북한의 북방토끼(만주토끼, *Lepus mandschuricus*)를 포함하여 2종이 토끼과에 속한다고 보기도 한다.

생토끼는 다른 토끼들에 견주어 몸집이 훨씬 작다. 또 귀가 둥글고 뒷다리가 앞다리보다 조금 길 따름이어서 멀리뛰기에 알맞지 않다. 반면에 다른 토끼류는 귀가 길고 뒷다리가 멀리뛰기 좋게 길다. 토끼목은 끌 모양의 두 쌍으로 된 위 앞니가 있으며 일생 동안 자라고 같은 속

멧토끼가 눈밭 위를 뛰어간다.
2005년 2월 중국 헤이룽장 성

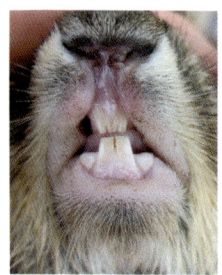

멧토끼의 앞니.
2004년 9월 전북 남원

도로 닳는다. 또 고환이 음경의 앞에 있는데 이런 형태는 캥거루 같은 유대류 말고는 유일하다.

토끼목의 동물들은 한번 배설한 똥을 다시 먹는 식분성(食糞性, coprophagy)을 갖고 있다. 이들은 부드럽고 어느 정도 소화가 된 녹색의 1차 배설물을 내보낸 뒤 이를 다시 먹어서 소화율을 높임으로써 영양분을 최대한 섭취하고자 하는데, 이는 내장에서 박테리아에 의해 형성된 다량의 비타민 B를 섭취하기 위한 것으로 여겨지고 있다(Bang and Dahlstrom, 2001).

1차 배설물을 먹고 있는 멧토끼.

멧토끼와 굴토끼의 차이

토끼과는 멧토끼(hare)와 굴토끼(rabbit)로 나뉘며 우리나라에는 멧토끼 1종이 살고 굴토끼로서는 집토끼(*Oryctolagus cuniculus*)가 일부 야생화되어 살고 있다. 멧토끼는 굴토끼와 다르게 집을 만들지 않고 발육이 많이 된 새끼를 낳는다. 멧토끼의 새끼는 날 때부터 눈을 뜨고 있으며 털로 덮여 있고 하루 안에 태어난 곳을 벗어날 수 있다. 멧토끼의 어미는 하루에 딱 한 번만 새끼들을 찾아 젖을 먹인다. 젖을 물리는 시간도 5분에 지나지 않고 보통 한 달 안에 젖을 뗀다. 멧토끼는 야생 굴토끼보다 덩치가 크고, 빠르고, 잘 뛰어오르며 혼자서 생활한다. 따라서 포식자가 공격해 오면 멧토끼는 달아나지만, 굴토끼는 숨으려 한다.

멧토끼 *Lepus coreanus*

분류 토끼목 토끼과
영명 Korean hare
몸무게 2~3kg
먹이 풀, 찔레나 싸리 같은 나무, 나무껍질, 도토리

2005년 10월 강원도 강릉

우리나라에서 설치류와 더불어 중소형 육식동물의 주요 먹잇감이 되는 초식동물이며, 한반도를 중심으로 서식하는 우리나라 고유종이다(Koh et al., 2001).

우리나라에 사는 멧토끼는 굴을 파지 않고 땅 위에 새끼를 낳아 기르며 갓 태어난 새끼는 눈을 뜨고 있고 털이 나 있다. 하지만 가축화된 집토끼의 원종인 굴토끼는 굴을 파서 새끼를 낳고 갓 태어난 새끼는 털이 없고 눈을 감고 있다. 멧토끼의 앞발가락은 5개이며, 뒷발가락은 4개이다. 앞발가락에는 긴 발톱이 털 속에 가려져 있는데 땅을 팔 때 쓰인다.

멧토끼는 자신의 보호색을 맹신하는 경향이 있어서 포식자나 사람이 접근하면 최대한 숨어 있다가 매우 위급하다고 판단되었을 때 갑자기 뛰어 도망간다. 하지만 수십 미터 이내에서 한번 멈춘 뒤 움직이지 않고 상황을 주시하는 경향이 있으며 이때에도 자신의 보호색을 믿고 완전히 노출된 상태에서도 한참 동안 움직이지 않는다.

멧토끼 발자국.

멧토끼가 갉아먹은 산딸기 넝쿨의 줄기. 키 작은 소나무 숲에는 싸리, 산딸기, 사초과 식물이 많이 자라며 이런 식물들이 멧토끼의 먹이와 은신처가 된다.
2005년 3월 강원도 화천 평화의 댐

사는 곳과 생활

낮은 지대부터 높은 지대까지 널리 분포하며, 주로 풀밭과 떨기나무 숲이 발달한 곳이나 듬성듬성한 소나무 숲에 산다. 습한 곳보다는 건조한 곳을 좋아한다.

우리나라에서는 숲이 울창해지고 풀밭이 줄어듦에 따라 멧토끼처럼 초지와 관목을 좋아하는 동물이 점점 줄고 있다.

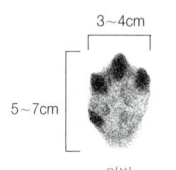

3~4cm
5~7cm
앞발

발자국

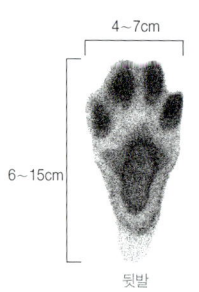

4~7cm
6~15cm
뒷발

걷지 못하고 항상 깡충깡충 뛴다. 뒷발이 앞발보다 앞에 찍히며 전체적으로 T자 모양을 보인다.

눈이 많이 쌓이고 부드러울 경우 뒷발의 발가락 4개를 넓게 펼쳐 눈에 빠지지 않도록 한다. 발바닥이 털로 덮여 있어 발자국이 뚜렷하게 남지 않는다. 앞발보다 뒷발이 넓고 길쭉하여 길게 찍힌다.

멧토끼·토끼목 99

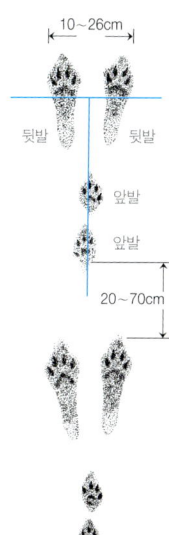

멧토끼가 천천히
뛰어갈 때의 발자국

멧토끼가 천천히 뛰거나
움직이지 않을 때의 발자국

❶ 멧토끼의 뒷발.
❷ 멧토끼의 앞발.
2003년 12월 전북 남원
❸ 멧토끼 뒷발의 펼쳐진 발가락. 2002년 12월 전남 구례
❹❺❻ 멧토끼는 뛸 때 앞발을 좁게 모으고 뒷발을 앞발 너머로 넓게 내딛어 도약한다. 2005년 2월 중국 헤이룽장 성
❼ 멧토끼가 뛰어간 발자국. 2003년 1월 지리산 노고단

배설물

멧토끼의 똥은 지름이 1~1.5cm이고 둥글납작하며 황토색 또는 짙은 갈색이다.

젖은 풀을 먹었을 때에는 모양이 일정하지 않은 검은 색의 똥을 눈다.

한 번에 1~100개쯤 누며, 뛰어가다가 아무 데나 눈 다. 특히 겨울에 멧토끼의 똥을 손가락으로 누르면 톱밥 처럼 부서진다. 냄새는 거의 없다.

❶ 멧토끼 똥. 여름철 연한 칡 잎 같은 녹색 풀을 먹고 눈 똥은 모 양이 약간 일그러지고 검은색이 된다. 2004년 7월 전북 장수
❷ 멧토끼가 흙을 먹고 눈 똥. 2004년 7월 전북 장수
❸ 겨울철의 전형적인 멧토끼 똥. 2003년 10월 지리산 노고단

멧토끼의 속털. 멧토끼의 털은 매우 부드러우며 피부가 약해 육식성 조류의 발톱처럼 날카로운 것에 긁히면 털 뭉치가 피부 조각에 붙은 채 쉽게 떨어져 나가 도망치는 데 유리하다. 2002년 12월 전북 남원

털

털이 곧고 매우 부드러우며 힘이 없다. 작은 뭉치로 빠져 있는 경우가 많다. 길이는 2~5cm이며 대개 모근에서부터 흰색→검은색→황토색→검은색으로 바뀐다.

먹이 흔적

풀과 나뭇가지를 크고 날카로운 아랫니로 잘라 먹어 비스듬하게 날카로운 절단면을 만드는데, 우리나라에서는 멧토끼만의 독특한 먹이 흔적이다. 춘란, 싸리, 찔레 같은 식물에서 멧토끼가 만든 이런 절단면을 흔히 볼 수 있다.

멧토끼 두개골.
1999년 11월 경북 경주

❶ 나무껍질을 갉아먹는 멧토끼.
❷ 멧토끼가 잘라 먹은 풀.
2003년 9월 지리산 노고단
❸ 멧토끼가 잘라 먹은 청미래덩굴 줄기.
2006년 10월 경남 창녕
❹ 멧토끼가 갉은 칡 줄기.
2003년 3월 지리산 구룡계곡
❺ 멧토끼가 갉은 나무껍질.
2001년 2월 경기도 안산 시화호

생토끼 (우는토끼, 쥐토끼) *Ochotona hyperborea*

분류 토끼목 생토끼과
영명 northern pika
무게 150g 안팎
먹이 풀

2005년 7월 백두산

남한에는 살지 않으며 북한에서는 쥐토끼라고 부른다. 일본에서는 우는토끼라고 하며, 남한에서는 생토끼라고 한다.

멧토끼와 달리 낮에도 활동하며 소리를 많이 내고 사회성이 매우 강하다. 집단을 이루며 생활하는데, 날카롭게 "찍찍" 하고 소리를 크게 내어 동료들과 끊임없이 의사소통을 한다. 겨울잠에 들지 않고 가을에 모은 마른풀을 먹으며 굴 안에서 겨울을 보낸다.

세계에 26종이 있으며, 유럽을 제외한 북반구에 분포한다. 우리나라에서는 북한의 고산 지대에서만 산다.

백두산 천지 주변의 녹다 남은 눈과 돌무더기들.
2005년 7월 백두산

❶ 겨울을 나기 위해 가을철에 풀을 날라 건조, 저장시키는 생토끼.
2005년 7월 백두산 천지 인근
❷ 생토끼의 천적인 황조롱이.
2005년 7월 백두산 천지 인근
❸ 털갈이 중인 생토끼.
2005년 7월 백두산 천지 인근
❹ 생토끼의 굴 입구.
2005년 7월 백두산

사는 곳과 생활

빙하기에 적응하여 생존하던 종으로서 아한대와 한대 기후 지역에 분포하며, 여름철 기온이 체온보다 높이 올라가면 살지 못한다. 풀이 많이 나고 암석과 큰 나무가 많은 곳에 살며, 밤낮을 가리지 않고 활발하게 움직인다. 가을에는 겨울에 먹을 마른풀을 저장하는 데 아주 열심이다.

생토끼는 겨울잠을 자지 않아 눈이 내리면 굴 주변에서 발자국을 볼 수 있다. 황조롱이 같은 맹금류가 나타날 때에는 서로 경고음을 내고 위험을 전하는데, 이때 생토끼들이 어디 있는지 또 몇 마리나 있는지 짐작하기 좋다.

뒷발
앞발

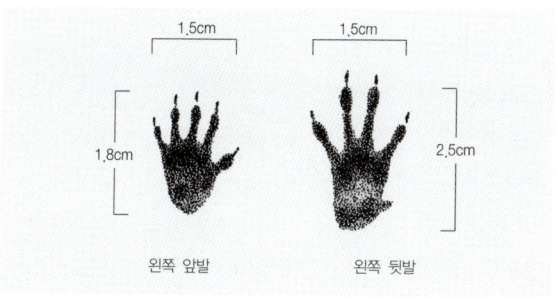

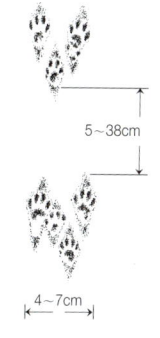

생토끼가 뛰어간 발자국

배설물

지름 5mm를 넘지 않으며 둥글고 작은 알갱이 같은 똥을 눈다. 똥의 질감과 색깔, 모양은 겨울철 멧토끼의 것과 비슷하다. 똥자리가 따로 있지는 않지만, 자주 드나드는 돌 틈이나 바위 처마 아래에서 많이 볼 수 있다.

생토끼 똥.
2005년 7월 백두산

식육목

너구리 암컷.
2002년 7월 서울 내곡동

작은 척추동물을 잡아먹고 사는 덩치가 큰 포식자는 대부분 식육목(Carnivora)에 속하며, 개와 고양이도 여기에 포함된다. 세계에 11과 271종이 분포하며, 우리나라의 뭍에 사는 식육목은 개과, 곰과, 족제비과, 고양이과 4과에 16종이 있다. 물개나 물범처럼 바다에서 생활하는 식육목을 따로 묶어 기각아목(Pinnipedia)으로 분류한다.

뭍에 사는 식육목에는 사람에게 익숙한 야생동물이 많은데, 겉모습과 몸집은 아주 다양하다. 한반도에서도 몸무게가 50g 안팎으로 세계에서 가장 작은 식육목인 쇠족제비부터 500kg이 넘기도 하는 불곰까지 다양하게 살고 있다. 식육목은 위아래에 각각 앞니 세 쌍과 크고 강한 송곳니가 있다. 대부분이 한 해에 한 번 새끼를 낳는데, 갓 태어난 새끼는 눈을 감고 있으며 꽤 긴 시간 동안 부모의 보호를 받아야 한다.

식육목을 일컫는 'carnivora'는 '고기를 먹는'이라는 뜻이다. 하지만 이를 '식물성 먹이를 먹지 않고 사냥을 해서 신선한 고기를 먹는다'는 뜻으로 오해하곤 하는데, 실제 식육목의 대부분은 잡식성이어서 식물성 먹이를 꽤 많이 먹는다. 우리나라에 사는 종 가운데 삵과 수달은 거의 육식을 하지만, 반달가슴곰은 풀과 열매를 많이 먹으며, 족제비, 담비, 오소리 들은 계절에 따라 장과 따위의 열매를 주로 먹는 때가 있다. 식육목은 배가 고플 때 활발히 움직이며, 주로 밤에 활동하지만 낮에 움직이기도 한다.

식육목은 또 다양한 사회구조를 가지고 있다. 늑대는 매우 복잡한 사회 그룹을 이루고, 족제비과는 분비물 등을 이용한 복잡한 행동 생태를 통해 독립된 생활을 한다. 또 너구리는 일부일처제를 이루며 작은 가족 단위로 생활한다. 보통 식육목의 암컷은 봄에 짝짓기를 하고 새끼를 낳은 뒤 여름부터 그해 겨울이 지날 때까지 새끼와 함께 생활하지만 너구리, 삵, 족제비와 같은 중소형 식육목은 겨울 전에 새끼를 독립시킨다.

곰과 오소리는 겨울잠을 자지만 저체온의 가사상태를 의미하는 완전한 겨울잠은 아니다. 곰과 오소리는 겨울철에도 상황에 따라 계속 돌아다니거나 이따금 굴 밖에 나와 움직이곤 하는데, 생존에 지장이 있는 것은 아니다. 곰이 혹독한 겨울에 적응하는 방법은 매우 복잡한데, 몸의 물질대사를 크게 줄이지 않으면서 몇 달 동안 노폐물의 배출을 멈추고 오줌의 질소 성분을 몸속에서 순환시킨다. 너구리 역시 사는 곳에 따라 겨울잠을 자기도 하지만 대개 한 해 내내 활동을 한다. 족제비는 겨울철 활동이 다른 계절에 비해 줄어들 뿐이다. 이처럼 식육목에 속하는 동물들은 반드시 겨울잠(冬眠, hibernation)에 드는 것이 아니라 날씨와 먹이 상황에 따라 겨울잠이 선택적으로 이루어지는데, 그 폭이 종별로 크게 차이가 난다.

너구리와 오소리는 천적의 공격을 받으면 죽은 시늉을 하여 경계가 느슨해진 틈을 타 도망친다.

식육목은 서식지가 파괴되고 먹잇감이 줄어든 데다 무분별한 사냥으로 마릿수가 크게 줄거나 멸종의 길을 걷고 있다. 우리나라에서도 호랑이, 표범, 늑대, 여우, 반달가슴곰 같은 많은 식육목이 거의 사라졌다.

개과

개과(Canidae)는 세계에 34종이 분포한다. 우리나라에는 개, 너구리, 늑대, 여우, 승냥이에 대한 기록이 있으나, 현재 흔히 볼 수는 있는 것은 개와 너구리뿐이다. 개과 동물의 겉모습은 개와 비슷한데, 유연한 몸, 길고 좁은 주둥이, 삼각형으로 선 귀, 길고 가는 다리, 털이 많은 꼬리가 특징이다.

늑대는 무리를 이루며 내부 서열이 엄격하다. 여우는 단독생활을 하고, 너구리는 부부가 함께 생활한다. 사냥을 할 때 늑대는 냄새를 맡고 쫓으며, 여우는 살며시 다가가 덮친다. 너구리는 사냥을 하기보다는 사체나 열매 따위를 찾는다. 개과의 동물은 청각과 시각이 좋지만 사냥과 의사소통에는 대부분 훨씬 뛰어난 후각을 이용한다. 냄새를 맡아 먹이를 쫓으며, 경쟁자의 오줌이나 분비물

여우.
2006년 6월 일본 홋카이도

늘대 무리들.
2003년 12월 몽골 몽고모리트

냄새로 정보를 얻는다.

앞발에는 다섯 개, 뒷발에는 네 개의 발가락이 있지만 앞발의 발가락 하나는 퇴화하여 땅에 찍히지 않는다. 개과의 발자국은 흔히 보는 개 발자국처럼 타원형에 4개의 발가락과 발톱 자국이 있다. 발자국이 좌우 대칭이기 때문에 발걸음을 보기 전에 발자국 하나만으로는 왼발의 발자국인지 오른발의 발자국인지를 알기 어렵다.

고양이과 동물과 견주어 볼 때 몸무게에 비해 발자국 너비가 좁아, 같은 땅에서라면 개과 동물의 발자국이 좀 더 깊게 찍히며 뚜렷하고 굵은 발톱 자국이 새겨진다. 또 개과는 고양이과와 달리 걸어갈 때 발끝을 끄는 편이어서 얕은 눈 위에서도 이런 특징이 잘 나타난다.

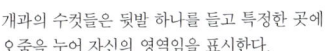

개과의 수컷들은 뒷발 하나를 들고 특정한 곳에 오줌을 누어 자신의 영역임을 표시한다.

너구리 *Nyctereutes procyonoides*

분류 식육목 개과
영명 Raccoon dog
몸무게 4~8kg
수명 야생 5~7년, 동물원 14년
임신기간 59~64일
새끼 보통 5~7마리
성성숙 9~11개월
먹이 열매, 곤충, 쥐, 사체, 곡식 따위

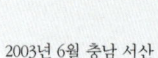

다리가 짧고 몸집이 작으며 행동이 재빠르지 못해 천적의 공격을 받으면 개과 동물 중에선 유일하게 죽은 시늉을 한다. 눈 주위와 발목 아래는 검으며 몸은 갈색에 가깝고 꼬리는 덥수룩하다.

무엇이든 가리지 않고 잘 먹는 잡식성으로, 포유류 중에서 먹이 적응력이 가장 뛰어나다. 환경에 매우 잘 적응하여 도시에서 산악 지역에 이르기까지 모두 분포한다. 동북아시아에 분포하나 유럽의 몇몇 지역에도 도입되어 있다. 우리나라에선 고라니와 더불어 주변에서 가장 흔하게 발자국을 발견할 수 있는 종이다.

사는 곳과 생활

아주 다양한 환경에 적응하여 살지만, 숲의 안쪽보다는 논밭, 도시 근처, 강가 같은 숲의 가장자리에 많이 산다. 도시를 키우고 도로를 늘리는 것이 숲 안쪽의 면적은 줄이는 반면, 가장자리를 늘려 적응력이 강한 너구리가 살 곳을 넓혀 주는 효과를 낳고 있다. 행동권은 약 0.8㎢이며 일부일처제이고 야행성이며 동면 여부와 기간은 개

체와 지역별로 다르다(최와 박, 2006). 2000년 9월 전북 김제

발자국

발가락은 4개이며 발톱이 함께 찍힌다. 발자국의 전체 모습은 좌우 대칭이다.

개와 달리 가운데 발가락 2개의 아랫부분이 서로 붙

6~12cm

10~35cm

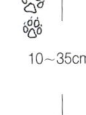

너구리가 걸어간 발자국

발자국의 전체 폭은 4cm 안팎이며 뒷발은 좀 더 길고 좁다. 발볼의 폭은 보통 2cm 안팎이다.

대개 홀로 다니지 않고 암수가 쌍을 이뤄 다니면서 갈지자의 발걸음을 하기 때문에 다소 어지럽고 산만한 발걸음들을 남긴다.

❶ 너구리 발자국은 강가의 모래톱에서 자주 발견된다. 이 사진에서는 수달 발자국도 보인다.
2003년 10월 섬진강
❷ 너구리는 개와 달리 가운데 두 발가락 아래가 붙어 있다. 사진에서 위쪽이 앞발, 아래쪽이 뒷발이다.
2006년 4월 전남 광양
❸ 정렬되지 않은 산만한 발걸음은 너구리의 특징이다.
2006년 10월 전남 구례

배설물

똥자리를 따로 두어 그 자리에 수십 차례 똥을 눈다. 똥자리는 길에서 떨어진 곳이나 사람이 거의 다니지 않는 넓은 길 위에 있다.

장과 열매, 도토리, 쥐, 새, 쓰레기 따위의 아주 다양한 먹이를 골고루 먹는다. 똥에서 너구리 특유의 노린내가 난다. 똥 무더기에 고무장갑, 비닐 같은 쓰레기가 섞여 있는 수가 많다.

오소리의 경우 대개 똥굴을 파고 그 앞에 똥을 싸지만 일부 장소에서는 너구리처럼 똥자리를 두고 수차례에

너구리는 자신의 똥자리에 들러
다른 너구리가 남긴 냄새 흔적을 확인한다.

❶ 똥자리를 통해 너구리의 먹이 습성을 알 수 있다.
2004년 4월 전북 남원 요천
❷ 너구리 똥자리.
2006년 4월 전남 광양

서 수십 차례 반복적으로 배설을 하곤 한다. 하지만 너구리의 똥은 차곡차곡 높게 쌓여가는 반면 오소리의 똥은 쌓이지 않고 넓게 퍼지며 너구리 똥과 달리 대부분 검은색이며 쉽게 부식되어 형태를 알아보기 힘든 것들이 많다.

털

너구리의 털은 5~10cm 길이에 조금 구불구불한 것이 많다. 모근 부분이 검은색이다가 흰색 또는 연갈색으

너구리의 털은 끝이 검다.
2003년 9월 전남 구례

로 바뀐 다음 다시 검은색으로 끝나는 것이 특징이다.

그 밖의 흔적

너구리는 한꺼번에 아주 많은 양의 먹이를 먹을 수 있으며, 한 쌍이 하룻밤에 어린 고라니 사체를 모두 먹어 치우기도 한다. 병에 걸렸거나 다쳐서 죽은 너구리는 다른 너구리들의 먹이가 된다. 이처럼 다른 동물의 사체를 먹는 행동은 주로 가을과 겨울에 일어난다. 여름에는 동물 사체를 대부분 구더기가 분해한다.

❶ 밀렵꾼이 밀렵 단속을 피하기 위해 고라니 가죽을 벗겨서 버리고 간 흔적. 2004년 10월 경남 함양 88고속도로
❷ 너구리의 두개골.
2004년 6월 전북 남원 요천

너구리는 사냥을 하기보다 주어진 공간을 샅샅이 뒤져 곡식에서 사체까지 무엇이든 찾아 먹으려 한다.

❶ 죽은 다음 다른 너구리에게 먹힌 너구리 사체. 2003년 12월 전남 구례
❷ 근처 골프 연습장에서 날아온 골프공을 너구리가 새알로 잘못 알고 물어뜯어 놓았다. 2003년 1월 전남 구례

여우 *Vulpes vulpes*

분류 식육목 개과
영명 red fox
몸무게 3~7kg
수명 평균 3년, 동물원 12년
임신기간 평균 52일(49~58일)
새끼 1~13(평균 5마리)
성성숙 10개월
행동권 5~12㎢
먹이 쥐, 멧토끼, 새, 열매

새를 물고 가는 여우.
2002년 6월 중국 네이멍구

몸집이 작고 재빠르며 청각, 후각, 시각이 예민하다. 뾰족한 주둥이, 큰 귀, 날씬한 몸매와 다리가 이를 잘 보여 준다. 꼬리가 크고 북슬북슬하며, 새끼는 꼬리 끝이 희다. 낮은 지대의 풀밭에 주로 사는 육식동물이나 가끔 장과류 등의 열매도 먹는다.

북반구에 널리 분포하나 남한에서는 거의 사라졌다. 2004년에 강원도 양구에서 여우 사체가 발견되었으나, 지난 수십 년간 목격담 이외의 여우 서식에 관한 명확한 증거는 없다. 다른 나라에선 비교적 흔하게 서식하는 여우가 남한에서 사라진 이유는 분명치 않지만, 모피를 위한 사냥과 더불어 해방 이후 수십 년간 사용된 강력한 쥐약에 기인한 것으로 여겨지고 있다. 쥐약을 먹고 죽은 쥐, 고양이, 개 등의 버려진 사체는 여우, 구렁이와 같이 인간의 주거지 인근을 중심으로 살아가던 포식자들에게 심각한 2차 피해를 끼쳐 아직도 회복되지 못하고 있다.

사는 곳과 생활

매우 다양한 환경에 적응하여 서식하지만, 나무가 빽

1990년대 후반까지 주민들이 여우를 목격했다고 전하는 여우 굴. 2006년 10월 경남 창녕

2004년 3월 여우 사체가 발견된 지역.
2000년 9월 강원도 양구

빽한 숲의 안쪽보다는 풀밭, 논밭, 도시 근처, 강가 같은 숲의 가장자리나 탁 트인 풀밭을 중심으로 서식한다. 또 가파르고 바위가 많은 곳보다는 낮은 지대의 완만하고 양지바르며 굴을 파기 좋은 흙이나 모래가 있는 곳을 좋아한다.

발자국

발가락은 4개이며 발톱이 함께 찍힌다. 발자국의 전체 모습은 좌우 대칭이다. 발볼이 ∧ 모양이며, 발볼 윗부분이 발가락볼의 아래에 있다.

여우 앞발(왼쪽)과 뒷발(오른쪽).
2002년 6월 중국 네이멍구

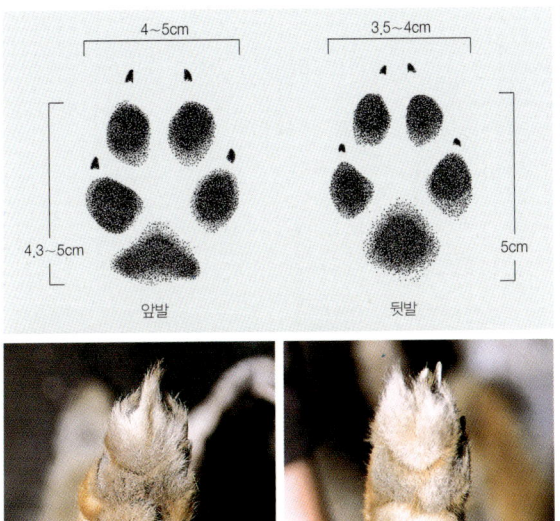

❶❷ 여우는 발바닥이 털로 덮여 있어 발자국이 뚜렷하게 남지 않고 발소리가 작아져 사냥에 유리하다.
2004년 2월 몽골 몽고모리트
❸ 여우는 빠른 걸음으로 걸을 때 완전한 일직선 걸음걸이를 보인다.
2001년 11월 러시아 연해주 라조 보호구역
❹ 여우 발걸음.
2003년 11월 몽골 몽고모리트

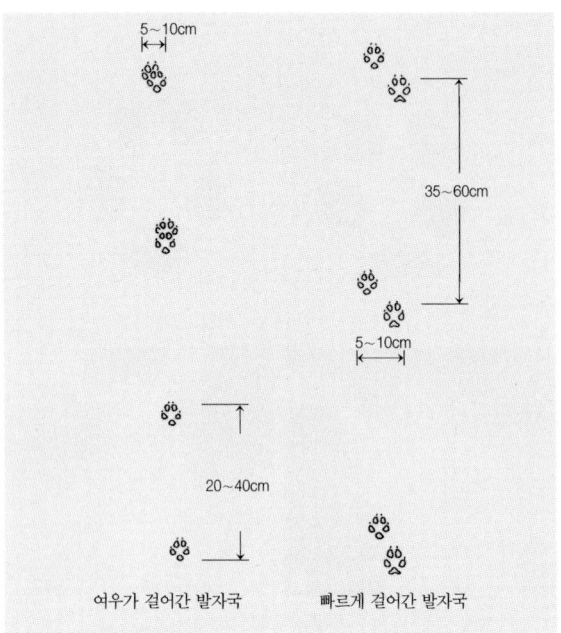

발바닥에 털이 많아 발자국이 뚜렷하게 남지 않는다. 걸어간 발자국이 완전히 일직선을 이룰 때가 많다.

배설물

똥 끝이 가늘고 뾰족하며 꼬여 있다. 굵기는 사람 손가락 정도 되며, 색깔은 검은색에 가깝다. 똥에 털이 많이 섞여 있으며 여우 특유의 지린내가 난다.

여우를 비롯한 개과 동물은 개가
전봇대 같은 특정한 곳에서 오줌을 누듯이, 돌이나 큰 뼈,
그루터기 등에 오줌을 눔으로써 영역을 표시하거나 상호 의사 소통을 한다.

❶ 여우 똥은 삵 똥처럼 마르고 드러난 땅 위에서 주로 발견된다. 2001년 11월 러시아 연해주 시호테알린 보호구역
❷ 여우 똥과 함께 있는 검은담비 똥(아래 작은 것). 검은담비 똥은 족제비 똥과 비슷하지만 족제비처럼 돌 위가 아닌 땅 위에서 주로 발견된다. 2001년 11월 러시아 연해주 라조 보호구역
❸ 여우 똥은 삵 똥에 견주어 많이 꼬여 있고 끝이 더 뾰족하다. 2001년 11월 러시아 연해주 시호테알린 보호구역

똥자리를 따로 두지 않고, 눈에 잘 띄는 땅바닥에 누는 습성이 삵과 비슷하다.

털

털빛은 붉거나 누렇다. 털이 매우 곧고 가늘며 부드럽다.

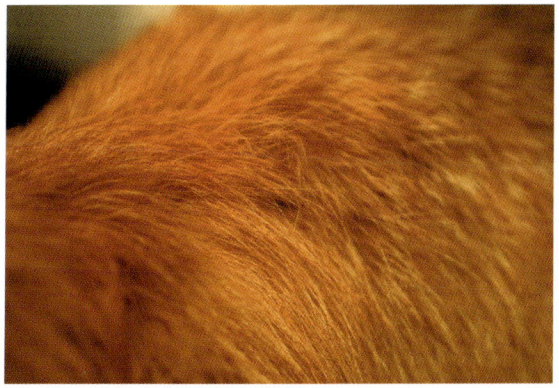

부드럽고 곧은 여우의 털. 2005년 8월 일본 홋카이도

늑대 *Canis lupus*

분류 식육목 개과
영명 wolf
몸무게 20~75kg
수명 야생 평균 5년, 최대 23년
성성숙 2~3년
먹이 노루, 꽃사슴, 산양, 멧토끼, 쥐, 열매

1999년 복원을 위해 중국에서 들여온 늑대의 후손 '하나'. 2002년 10월 한국동물구조관리협회

덩치가 커서 큰 개만 하며, 귀는 서 있고, 꼬리는 발뒤꿈치까지 내리 드리운다. 개의 조상으로서 후각이 특히 발달했다. 털은 회황색, 황갈색, 검은색 등 저마다 다양하다.

사슴 같은 큰 동물을 먹이로 하여 경쟁하기 때문에 늑대 무리와 호랑이는 여간해서는 한 지역에 같이 살지 않는다.

북반구에 널리 분포했으나 많은 지역에서 사라졌으며, 남한에서는 1970년대 이후 발견되지 않고 있다.

사는 곳과 생활

숲이 우거진 곳보다는 풀밭과 완만한 언덕이 많은 곳을 좋아하며 행동반경이 무척 넓다. 현재 남한에서 늑대 무리가 안정적으로 서식할 수 있는 공간은 사라지고 없다.

가족 또는 가족이 확대된 무리를 이루며 무리의 수는 서식 환경에 따라 다양하다. 토끼, 너구리, 노루, 산양, 사슴 같은 동물성 먹이를 주로 먹지만 일부 과일도 잘 먹는다. 늑대는 5~14마리의 새끼를 가지며(평균 7마리) 임신 기간은 평균 63일(61~75일)이다.

발자국

발가락은 4개이며 발톱이 함께 찍힌다. 발자국의 전체 모습은 좌우 대칭이다.

발볼의 윗부분이 발가락볼의 아래에 있다.

❶ 1963년과 1965년 우리나라에서 마지막 늑대가 잡힌 지역. 2005년 10월 경북 영주
❷ 늑대 굴과 새끼들.
2004년 5월 몽골 헨티 산맥

❶ 늑대 앞발 자국.
❷ 늑대 뒷발 자국.
2002년 6월 중국 네이멍구

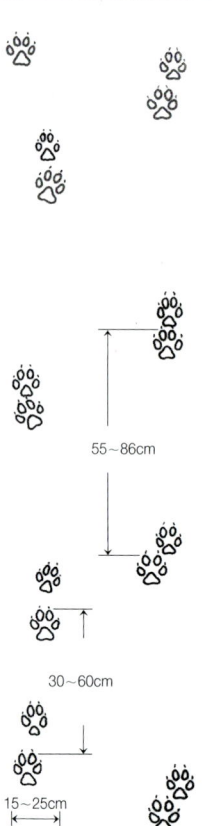

늑대가 걸어간 발자국(왼쪽)과 늑대가 빠르게 걸어간 발자국(오른쪽).

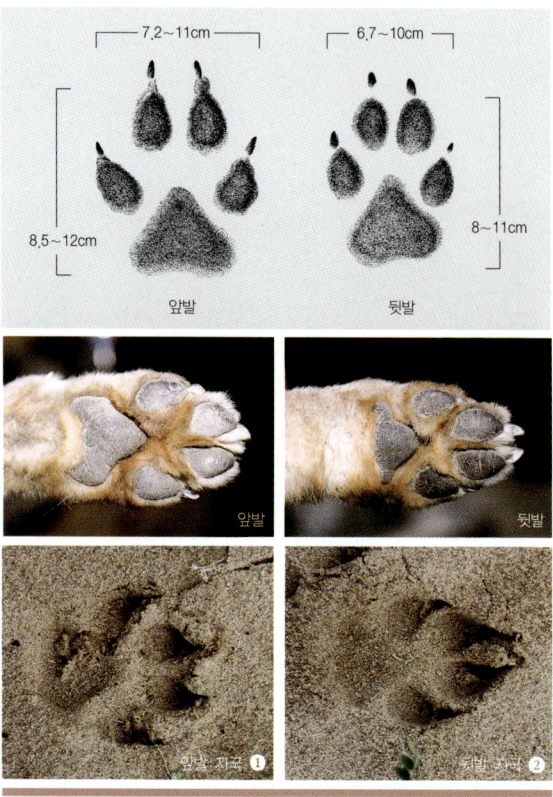

개과 동물들의 발자국 차이

늑대와 개는 발자국이 매우 비슷하지만 늑대의 발볼이 상대적으로 아래에 위치하여 늑대 발자국이 좀 더 갸름해 보인다. 너구리와 여우의 발자국은 작은 품종의 개 발자국과 비슷하다. 하지만 너구리는 개와 달리 가운데 두 발가락의 아랫부분이 붙어 있으며, 여우는 매우 작은 발볼이 발가락볼의 아래에 있고 겨울엔 발바닥에 털이 많다.

늑대 무리의 발걸음. 2003년 11월 몽골 케를렌강 초지

배설물

똥에 으깨진 뼈와 털이 함께 섞여 있다. 똥자리를 따로 두지 않는다.

❶ 늑대의 오줌 자국.
2004년 2월 몽골 트문초크트
❷ 늑대 똥.
2002년 6월 중국 네이멍구
❸ 늑대 똥.
2003년 12월 몽골 몽고모리트

❶ 늑대의 털. 2003년 11월 경기도 과천 서울대공원
❷ 늑대가 뜯어먹은 말 사체. 2003년 11월 몽골 몽고모리트

털

5~10cm 길이에 조금 구불구불하다.

너구리처럼 모근 부분이 흰색으로 시작해서 검은색으로 바뀐 다음 다시 흰색, 그리고 검은색으로 끝난다.

고양이과

고양이과(Felidae)는 오스트레일리아를 빼고 세계에 18속 36종이 분포하며, 우리나라에는 3속 4종이 있다. 몸이 사냥에 맞게 매우 발달하여 길고 늘씬한 몸, 강한 다리, 작은 머리, 비교적 작고 둥근 귀, 앞으로 향한 눈이 특징이다. 밤에 시력이 아주 좋고 콧수염으로 섬세한 촉감을 느낄 수 있다. 고양이과는 족제비과와 더불어 육식성이 강하며, 이것은 생태계 먹이사슬의 꼭대기에 있다는 뜻이다. 고양이과 동물은 사람을 빼면 천적이 거의 없다.

고양이과는 거친 혀로 자신의 털을 고르고 먹이의 뼈에서 살을 발라 먹는다. 앞발에는 다섯 개, 뒷발에는 네 개의 발가락이 있으나 앞발의 발가락 하나는 퇴화하여 땅에 찍히지 않는다. 또 보통 때는 발톱을 숨기고 있어 발자국에 발톱 자국이 없다.

동물 발자국에 별로 관심이 없는 사람들에겐 주위에서 흔히 보아 왔어도 고양이 발자국과 개 발자국이 언뜻 비슷해 보인다. 하지만 고양이와 개의 발자국을 비교했을 때 개의 발자국이 훨씬 크다는 것 말고도 여러 가지 다른 점을 쉽게 찾을 수 있다.

고양이 발자국은 개 발자국보다 훨씬 둥글며, 개처럼 발가락 4개와 발볼이 찍히지만 발톱 자국은 없다. 또한 개 발자국이 좌우 대칭을 이루는 반면, 고양이는 발자국이 비대칭이어서 잘 살펴보면 왼발 자국인지 오른발 자

고양이 발자국(위)과 개 발자국(아래).

삵 새끼.
2006년 6월 전남 구례
ⓒ 이윤수

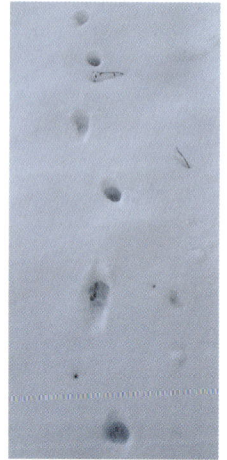

눈이 많이 쌓인 곳에서도 발을 끌지 않고 또박또박 걷는 조심스러운 발걸음은 고양이과의 특징이다.
2005년 1월 전북 남원

국인지 알 수가 있다. 앞발 자국을 보면 고양이는 가로 너비가 세로 길이보다 더 길고 개는 세로 길이가 더 길다.

고양이가 발걸음을 디디는 모습을 보면 발걸음 하나하나를 아주 까다롭고 조심스럽게 내딛는 것을 알 수 있으며, 그래서 고양이들은 개들보다 발을 더 높이 들어올려 걷는다. 이런 특징은 삵이나 너구리 같은 야생동물에게도 대체로 들어맞아서, 얕은 눈 위에서도 개과는 고양이과와 달리 발끝이 끌린 발자국을 만든다. 다만 방금 내린 부드러운 눈 위에서는 고양이 발자국에서도 끌린 자국을 볼 수 있다. 이런 조심스런 걸음걸이에 의한 이동 습성으로 인해, 고양이과는 개과에 견주어 달리기보다는 걸어간 발자국을 많이 보게 된다.

특이하게 여우와 스라소니는 다른 개과나 고양이과 동물과 달리 겨울철에 발바닥의 털이 길게 자란다. 그래서 진흙이나 눈 위에 갓 찍힌 발자국에서도 발가락볼과 발볼이 뚜렷한 발자국을 보기가 쉽지 않다. 발바닥에 털이 많은 것은 진동이나 소리에 민감한 작은 먹이를 사냥할 때 발소리를 줄일 수 있으며, 춥고 눈이 많은 곳에서 체온을 보호하고 눈에 발이 깊이 빠지거나 미끄러지는 것을 막기 위한 것이다. 발바닥 주위에 털이 많으면 덩치가 비슷한 다른 동물에 견주어 발바닥 면적과 마찰력이 커져 눈 위에서 몸무게를 분산시키는 효과가 커진다.

오줌을 뿌리는 수컷 표범.
고양이과 수컷들은 오줌을 특정한 곳에 스프레이처럼 뿌려
자신의 영역임을 표시한다. 바위나 나무에 뿌려진 오줌 자국의 높이가 75cm 이상이면 호랑이가,
75cm 미만이면 표범이 남긴 것이다(McDougal, 1999).
한편 서울대공원 동물원의 다 큰 수컷 호랑이의 오줌 자국은 155cm 높이까지 퍼지며
보통 높이 90~155cm 범위에 오줌 자국이 남고,
수컷 표범은 60~75cm 범위에 오줌 자국을 남긴다.
표범 오줌에서는 고양이 오줌과 비슷한 강한 냄새가 난다.

호랑이 (범) *Panthera tigris*

분류 식육목 고양이과
영명 tiger
몸무게 암컷 100~180kg, 수컷 180~320kg(보통 200kg 내외)
수명 야생 15~20년, 동물원 26년
임신기간 103일
새끼 평균 2~4마리
성성숙 3~6년
먹이 사슴, 노루, 멧돼지, 산양, 반달가슴곰 따위

2003년 12월 경기도 용인 에버랜드

황색 바탕에 검은 줄무늬가 몸통, 이마, 꼬리에 있으며 배는 흰 털로 덮여 있다. 사슴이나 멧돼지같이 큰 동물을 먹는다.

우리나라의 육식동물 가운데 가장 크며 북한에 적은 수가 남아 있다. 아시아를 대표하는 맹수였으나 지금은 서식지와 마릿수가 크게 줄었으며, 남한에서는 1924년 강원도 횡성에서 호랑이를 잡은 이후 표본이나 명확한 사진 같은 서식의 증거가 없다.

사는 곳과 생활

호랑이에게 잡아먹히고 남은 반달가슴곰의 발. 2001년 11월 러시아 연해주 시호테알린 보호구역

나지막한 언덕 지대이 숲을 좋아하고 행동반경이 매우 넓으나, 북한 지역에는 고지대의 깊은 숲에만 남아 있다. 지금 남한에 호랑이 개체군이 안정적으로 살 수 있는 숲은 사라지고 없다.

한배에 새끼를 보통 2~4마리 낳으며, 한 해에 30~40마리의 멧돼지나 사슴을 사냥하는 육식성이지만 호두, 잣, 딸기 따위의 열매도 가끔 먹는다. 낙엽 위에서 자며 잠자리 크기는 70×160cm쯤 된다.

발자국

2005년 7월 백두산

발가락은 4개이며 발톱이 찍히지 않는다. 발자국의 전체 모습은 좌우 대칭이 아니다.

발걸음은 일직선에 가까운 갈지자를 그리고, 보폭은 50cm~80cm이며 매우 큰 수컷은 100cm가 넘기도 한다. 발자국의 길이가 20cm 정도이면 매우 큰 개체이며, 수컷은 보통 16×14cm이고 암컷은 15×11~12cm이다.

대개 발볼(heel pad)의 너비가 11cm 안팎이면 수컷, 9cm 안팎이면 암컷 또는 어린 수컷으로 여긴다. 한편 맥두걸McDougal(1999) 등은 만 2년 이상의 성장한 호랑이

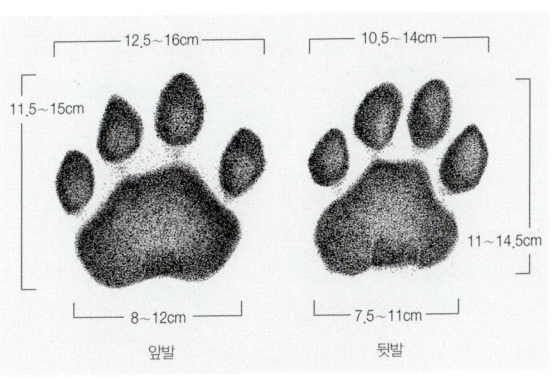

앞발 / 뒷발

호랑이가 걸어간 발자국. 2001년 11월 러시아 연해주 시호테알린 보호구역

❶❷ 6개월 된 어린 호랑이의 왼쪽 앞발(❶)과 왼쪽 뒷발(❷).
❸ 왼쪽 앞발 자국.
❹ 오른쪽 뒷발 자국. 1999년 4월 중국 하얼빈 호림원
❺ 호랑이가 뛰어온 발걸음. 주변의 작은 발자국들은 꽃사슴, 여우, 너구리 등의 것이다. 2005년 7월 러시아 연해주 라조 보호구역

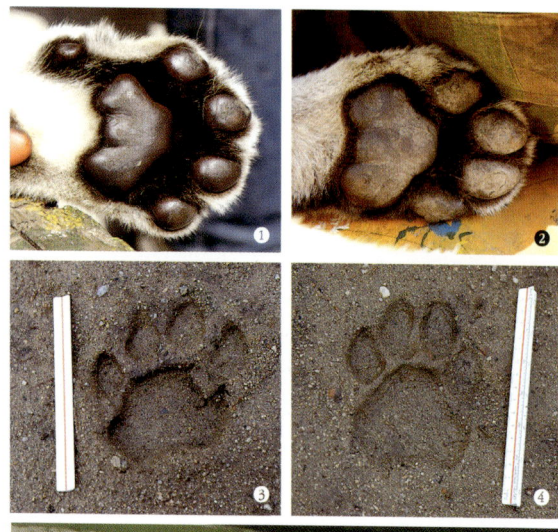

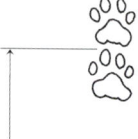

50~80cm

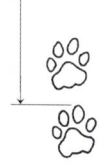

뒷발
앞발

호랑이가 걸어간 발자국

의 성별 기준을 다음과 같이 제시하였다. 수컷은 앞발과 뒷발의 발볼 너비가 9.7cm 이상, 8.5cm 이상이며 뒷발 너비는 11cm 이상이다. 암컷은 앞발과 뒷발의 발볼 너비가 9.3cm 이하, 8.5cm 이하이며 뒷발의 너비는 11cm 이하이다. 18~24개월의 덜 자란 수컷 호랑이의 경우 앞발의 발볼 너비는 9.5cm 이상이다. 뒷발의 발볼 너비는 8.5cm 이상이며 뒷발의 너비는 11cm 이상이다.

어미 발자국과 함께 찍혀 있는 발볼 너비가 6cm 이하인 호랑이는 6개월 미만의 새끼 호랑이다. 수컷의 앞발자국은 어른 남자의 손바닥 크기 정도로 가로와 세로 길이가 비슷해 원 모양에 가깝다. 암컷의 앞발자국은 발가락 사이가 좁으며 거의 오각형을 이룬다.

배설물

똥자리를 따로 두지 않고 눈에 잘 띄는 땅 위에 똥을 누는 습성이 삵과 비슷하다. 똥 모양은 둥글고 길며 끝이 약간 뾰족하다. 색깔은 검거나 갈색이며, 똥의 지름은 3.5~5.7cm, 전체 길이는 작게는 20cm, 클 때는 50cm에 이른다. 똥은 동물의 털로 이루어져 있어 크기에 비해 매우 가벼우나, 먹이에 털이 포함되지 않고 고기와 피를 중심으로 호랑이가 먹었을 경우 똥의 모양은 일정치 않은 반 액체 상태이며 검은색을 띠고 냄새가 훨씬 강하다.

❶ 산림 도로 위의 호랑이 똥. 2001년 11월 러시아 연해주 시호테알린 보호구역
❷ 길 위의 오래된 호랑이 똥. 2001년 11월 러시아 연해주 시호테알린 보호구역

❶ 고양이과의 동물들은 새끼를 키우는 시기 외에는 대개 굴이 아닌 맨땅에서 잠을 자고 휴식한다.
❷ 전날 호랑이가 자고 간 잠자리. 낙엽이 눌려 있다.
2001년 11월 러시아 연해주 시호테알린 보호구역
❸ 호랑이의 영역 표시. 발로 땅을 긁어 놓았다.
2001년 11월 러시아 연해주 시호테알린 보호구역

털

겨울철 잠자리에 떨어진 털은 길이가 5~10cm이다. 색깔은 밝은 붉은색, 검은색, 흰색이 많으며 윤기는 없다. 완전히 곧지 않고 약간 구부러져 있다. 사람 머리카락보다 조금 더 가늘다.

호랑이의 털. 덩치에 비해서는 굵지 않으며 조금 구불구불하다. 2005년 7월 러시아 연해주 라조 보호구역

개과와 고양이과 동물들의 발자국 차이

이따금 호랑이와 같은 맹수의 커다란 발자국이 발견되었다는 뉴스를 접하곤 한다. 이러한 뉴스의 대부분은 사실상 큰 개의 발자국이 눈이나 밭에 찍힌 것을 그 발자국의 크기에 놀라 호랑이나 표범으로 오인하는 경우이다. 호랑이와 표범과 같은 고양이과의 전형적인 발자국은 개와 너구리와 같은 개과의 발자국과 여러 면에서 차이를 보인다.

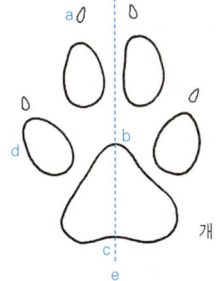
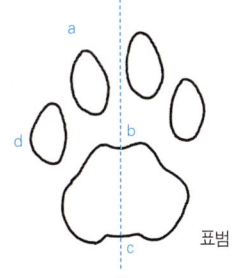

개과 뒷발
a. 발톱이 찍힌다.
b. 발볼 윗부분의 볼록한 곳이 하나다.
c. 발볼 아랫부분의 가운데가 안으로 들어간다.
d. 바깥쪽의 두 발가락 볼이 밖으로 벌어진다.
e. 발자국이 좌우 대칭이다.

고양이과 뒷발
a. 발톱이 안 찍힌다.
b. 발볼 윗부분의 볼록한 곳이 둘이다.
c. 발볼 아랫부분의 가운데가 약간 볼록 나온다.
d. 바깥쪽의 두 발가락 볼이 앞을 향한다.
e. 발자국이 좌우 대칭이 아니다.

왼쪽은 삵 발자국, 오른쪽은 너구리 발자국.
2006년 10월 전남 구례

개 발자국. 모래와 같은 땅의 상황에 따라 개과도 발톱이 남지 않을 수 있다. 2006년 10월 전남 구례

고양이 발자국. 행동과 땅의 특성에 따라 고양이과도 발톱이 가끔 찍힐 수 있다. 2003년 6월 전남 구례

표범 *Panthera pardus*

분류 식육목 고양이과
영명 leopard
몸무게 수컷 36~90kg,
　　　 암컷 28~60kg
수명 야생 12~15년,
　　　 동물원 최고 23년
임신기간 3~3.5개월
새끼 1~6마리, 보통 2~3마리
성성숙 3년
먹이 노루, 너구리, 사슴, 어린 멧돼지, 산양, 시향노루
2006년 6월 대전 동물원

우리나라에서 호랑이 다음으로 큰 육식동물이지만, 남한에서는 1960년대에 포획되고 남은 사진 자료 이후의 명확한 서식 증거가 아직 없다.

황색 바탕에 검은 점무늬가 온몸에 있으며 배는 흰 털로 덮여 있다. 노루, 어린 멧돼지와 같은 중소형 유제류를 주로 먹는다.

아시아와 아프리카에 걸쳐 분포하지만, 동북아시아의 아종은 북한과 중국, 러시아의 접경 지역을 중심으로 적은 수가 남아 있어 멸종이 바로 앞에 와 있다.

1962년 남한에서 마지막으로 표범을 생포한 곳.
2000년 5월 경남 합천 오도산

사는 곳과 생활

산세가 험하고 바위가 많은 깊은 숲에도 잘 적응하여 우리나라 자연 환경에 잘 적응한 맹수지만, 일제강점기 이후 총기를 이용한 사냥에 의해 크게 줄었으며, 한국전쟁 후 와이어를 이용한 멧돼지 올무 등에 의해 거의 절멸되었다. 호랑이에 견주어 잘 울지 않고 조용한 성격이며 나무에도 잘 오른다.

발자국

다른 고양이과의 발자국처럼 발가락은 4개이며 발톱

❶ 표범의 왼쪽 앞발자국. 2003년 3월 러시아 연해주 케드로바야파드 보호구역
❷ 표범 발자국. 모양이 호랑이 발자국과 비슷해서 크기로 서로 구분한다. 2003년 11월 경기도 과천 서울대공원
❸ 표범 뒷발. 2003년 11월 경기도 과천 서울대공원
❹ 표범 앞발. 2006년 6월 대전 동물원
❺ 표범이 개울을 건너뛴 발자국. 2003년 3월 러시아 연해주 케드로바야파드 보호구역

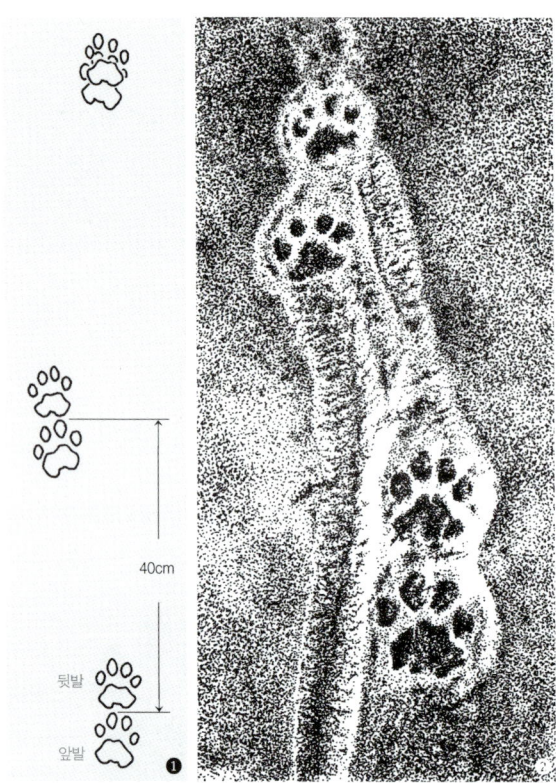

❶ 표범이 걸어간 발자국
❷ 얼어붙은 강 위로 눈이 살짝 내렸고, 그 위를 걸어간 표범 발자취. 길고 굵은 꼬리가 끌린 흔적이 특징적이다.

이 찍히지 않는다. 발자국의 전체 모습은 좌우 대칭이 아니다. 발걸음은 일직선에 가까운 갈지자이며 보폭은 보통 40cm이다. 발볼의 너비는 6.5cm 이하이며, 발자국의 너비와 길이는 10cm를 넘지 않는다.

맥두걸 등에 의하면, 발자국의 발볼 너비가 7.5cm 이

표범 똥. 왼쪽 것은 눈 지 얼마 되지 않았다.
2003년 4월 러시아 연해주 케드로바야파드 보호구역

상이면 호랑이로, 6cm 이하일 때는 표범으로 분류하였다. 너비가 6cm 이하의 발볼 발자국은 호랑이 새끼의 것으로 볼 수도 있으나 새끼 호랑이는 혼자 다니지 않으므로 표범의 발자국으로 보는 것이 타당하다.

배설물

똥자리를 따로 두지 않고 눈에 잘 띄는 땅 위에 눈다. 배설 습성이 삵이나 호랑이와 같은 다른 야생고양이과 동물과 비슷하며, 똥의 크기는 호랑이의 것보다는 조금 작다. 똥은 소화되지 않은 먹이 동물의 털과 으깨어진 뼈로 이루어져 있다. 똥의 지름은 2.5~4cm이며 전체 길이는 23~38cm에 이른다.

표범은 나무를 잘 타서 나무의 꽤 높은 데까지 발톱 자국이 나 있다. 반달가슴곰의 발톱 자국은 다섯 줄기로 생기지만 표범 발톱 자국은 네 줄기이며 끝이 날카롭고 강한 송곳으로 찍어 긁은 듯하다.

❶ 나무를 발톱으로 긁고 있는 표범. 나무를 오를 때 발톱 자국을 남기는 것과 달리 고양이과 동물은 일부러 나무에 발톱을 갈기도 한다. 서 있는 나무에 발톱을 갈았을 경우 표범의 발톱 자국은 높이 1~1.5m에 남고, 호랑이의 것은 1.8~2.4m의 높이에 남는다. 이때 발톱 자국의 너비가 15cm 이하이면 표범이고, 21cm 이상이면 다 큰 호랑이다 (Mc Dougal, 1999). 2006년 6월 대전 동물원
❷ 나무껍질에 남은 표범 발톱 자국. 2005년 7월 러시아 연해주 케드로바야파드 보호구역
❸ 표범에게 잡아먹히고 남은 꽃사슴의 뿔과 두개골. 2003년 4월 러시아 연해주 케드로바야파드 보호구역

발톱 자국

나무를 잘 타기 때문에 호랑이와 달리 나무의 높은 곳에도 표범의 발톱 자국이 남아 있다. 반달가슴곰이 발톱 자국을 다섯 줄 남기는데 견주어 표범은 네 줄로 남긴다. 또 반달가슴곰의 발톱 자국보다 가늘고 날카롭게 찍혀 긁은 듯 보인다.

스라소니 *Lynx lynx*

분류 식육목 고양이과
영명 Eurasian lynx
몸무게 15~38kg
수명 야생 17년, 동물원 최고 24년
임신기간 69일
새끼 1~8마리, 보통 2~4마리
성성숙 2~2.5년
먹이 멧토끼, 노루, 사향노루, 들꿩, 쥐 따위

2005년 2월 중국 하얼빈 동물원

춥고 눈이 많은 지역에 잘 적응한 대표적인 산림성 육식동물이다. 스라소니 속에는 4종이 있으며, 북반구의 북쪽에 폭넓게 분포한다. 이중 우리나라에 서식하는 종은 유럽과 아시아의 북쪽에 걸쳐 서식하며 4종 중 체구가 가장 커서 노루와 같은 중소형 유제류를 주식으로 하고 멧토끼와 쥐와 같은 작은 먹이도 곧잘 사냥한다.

몸통은 회색이나 황색을 띤다. 꼬리는 매우 짧아서 20cm 이내이며 끝이 검다. 귀 끝에는 검고 긴 털이 곧게

스라소니가 사는 곳.
2005년 2월 중국 헤이룽장 성

스라소니는 고양이과 가운데 서도 겉모습이 독특하다. 귀 끝에는 검은 털이 길게 서 있 고 꼬리가 유난히 짧다. 2005 년 2월 중국 하얼빈 동물원

서 있다. 체구에 비해 긴 다리와 털에 덮인 큰 발은 눈이 많이 내리는 지역에 적응하는 데 유리하다.

호랑이, 표범과 함께 모피 때문에 많이 사냥당한 고양이과 동물이다.

사는 곳과 생활

춥고 눈이 많은 산림지역을 중심으로 서식하며, 험한 바위지대와 침엽수림에도 잘 적응한다. 남한에서는 서식

스라소니의 두개골. 위턱의 송 곳니와 작은 어금니 사이에 제 1 작은 어금니가 없어 다른 고 양이과 동물보다 이빨 수가 2 개 적다.
2003년 11월 몽골 몽고모리트

스라소니 똥은 삵 똥보다 조금 크고 뼛조각이 섞여 있는 경우 가 많다. 2001년 11월 러시아 연해주 시호테알린 보호구역

스라소니·고양이과·식육목 143

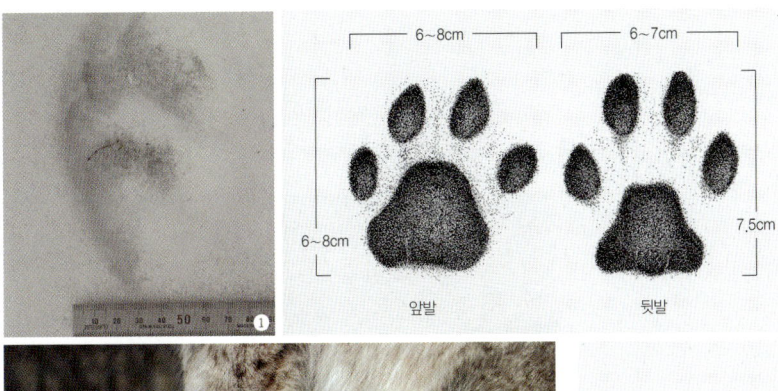

앞발 / 뒷발

❶ 발바닥에 털이 많아 뚜렷한 발자국을 보기 어렵다. 2005년 2월 중국 헤이룽장 성
❷ 스라소니는 덩치에 견주어 발이 크다. 2005년 2월 중국 하얼빈 동물원

증거가 없으나 과거에 잡았거나 보았다는 얘기가 가끔 있다. 다른 고양이과 동물처럼 단독생활하며, 표범처럼 나무에도 잘 오른다. 하지만 몸을 숨겨서 덮치는 일반적인 고양이과 동물에 비해 추적을 통해 먹이를 사냥하는 경우가 많다.

발자국과 배설물

겨울에는 발바닥이 털에 싸여 있어 뚜렷한 발자국을 보기 어려우며 표범 발자국보다 조금 작지만 덩치에 비해 발이 크고 발바닥에 털이 많아 체중 분산이 잘되어 깊고 부드러운 눈에도 잘 빠지지 않는다. 지구력과 추적 능력이 뛰어나 멧토끼나 노루와 같은 중소형 동물의 발자국을 계속 따라 걸어간 스라소니의 발걸음을 종종 볼 수 있다.

똥이 덩치에 비해 작아서 삵 똥보다 조금 크며 표범 똥보다는 훨씬 작다.

스라소니가 걸어간 발자국

삵 (살쾡이) *Prionailurus bengalensis*

분류 식육목 고양이과
영명 leopard cat
몸무게 3~6kg
수명 최고 15년
임신기간 65~70일
새끼 보통 2~4마리
성성숙 8개월
먹이 쥐, 꿩, 작은 새, 물고기

2004년 12월 전남 구례

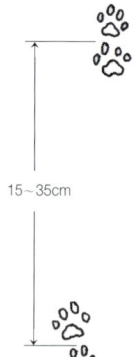

15~35cm

우리나라의 고양이과 동물 가운데 가장 몸집이 작으며, 고양이보다 덩치가 약간 작거나 비슷하다. 우리나라 전체에 걸쳐 꽤 많은 수가 살고 있으나 지역별로 편차가 크다.

황갈색 바탕에 검은 점무늬가 몸통에 있으며, 이마와 목으로 이어지는 뚜렷한 검은 세로줄 무늬가 있다(150쪽 '고양이와 삵의 차이' 상자글 참조). 꼬리는 두터우며 끝이 말리지 않고 아래로 늘어지거나 위로 살짝 구부러지는 수가 많다.

동아시아에 살며 우리나라의 경우 북쪽 지방보다는 남쪽으로 갈수록 많이 산다. 평균 행동권은 1.5~7.5km²이다(Rabinowitz, 1990).

사는 곳과 생활

뒷발
앞발
5~9cm

삵이 걸어간 발자국

높은 지대의 깊은 산림에서 바닷가까지 널리 퍼져 살지만, 주로 논밭과 강을 끼고 있는 낮은 지대의 풀밭에서 가장 많이 산다. 설치류와 새가 먹이의 90% 이상을 차지한다. 제주도에서는 1950년대 이후 사라졌다.

발자국

일반적인 고양이과의 발자국처럼 발가락은 4개이며 발톱이 찍히지 않는다. 발자국의 전체 모습은 좌우 대칭이 아니다.

발걸음은 일직선에 가까운 갈지자를 그린다. 발볼과 발가락볼 사이가 고양이에 비해 조금 넓다.

앞발 / 뒷발

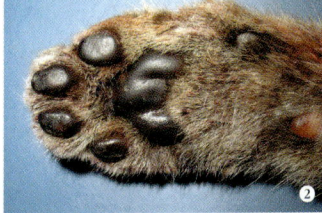
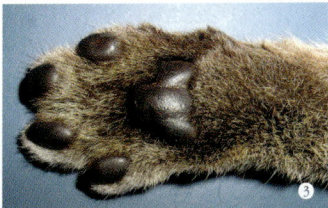

❶ 삵의 앞발 자국(아래)과 뒷발 자국(위). 2003년 12월 전남 순천만
❷ 삵의 오른쪽 앞발.
❸ 오른쪽 뒷발.
❹ 삵의 앞발과 발톱.
❺ 삵이 개울을 건너뛰려고 힘을 줄 때 발톱이 나와 땅에 찍혔다.
2003년 1월 섬진강

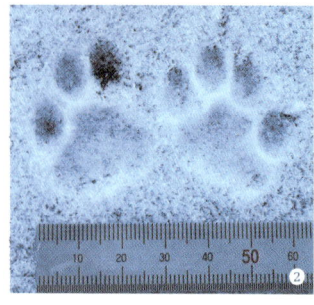
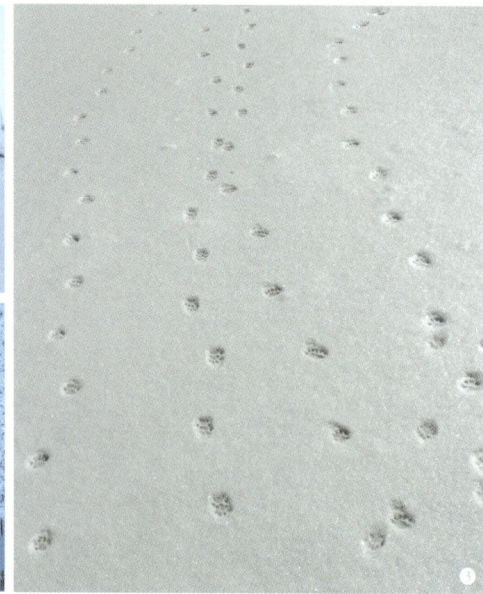

❶❷ 삵의 자세와 발자국.
2005년 2월 전북 인월
❸ 삵의 발걸음들.
2005년 2월 전북 인월

배설물

똥자리를 따로 두지 않으며, 건조하고 눈에 잘 띄는 땅 위에 똥을 눈다. 똥이 동물의 털로 이루어져 있으며, 새의 깃털과 작은 뼈가 섞이기도 한다. 똥에 사초와 식물의 잎이 섞여 있는 수가 있다. 동물이 이처럼 소화되지 않는 거친 풀을 먹는 것은 물리적으로 장 내부의 기생충 등을 밖으로 내보내기 위함이다(Engel, 2003).

갓 눈 똥은 갈색을 띠지만 시간이 지나면서 점점 검게 바뀌며 오래되면 흰색이 된다.

❹ 삵 똥에는 사초와 식물의 억센 잎이 몇 가닥 섞여 있는 수가 많다.
2004년 5월 전북 남원 요천
❺ 삵의 똥은 숨겨져 있지 않고 길 위에서 발견된다.
2003년 4월 경북 백암산

❶ 다양한 모양의 삵 똥. 눈 지 하루가 지나지 않았다. 2003년 4월 경북 백암산
❷ 2003년 11월 지리산 노고단
❸ 2000년 12월 설악산 백담계곡
❹❺ 삵이 발톱을 갈아놓은 흔적. 고양이과 동물의 발톱은 먹이 사냥에 매우 유용하게 사용되며, 개과와 달리 걸을 때 발톱을 숨기고 다녀 발톱이 흙에 닳지 않아 웃자란 발톱을 계속 다듬어야 한다. 이때 발가락 분비샘에서 나오는 분비물을 나무에 묻혀 자신의 체취를 남긴다. 2004년 8월 충남 서산

고양이 *Felis silvestris*

분류 식육목 고양이과
영명 domestic cat
몸무게 3~7kg
임신기간 65일
새끼 보통 4~6마리
성성숙 6개월
먹이 쥐, 생선, 음식, 새

2003년 2월 전남 구례

고대 이집트 사람들이 처음 길들였으며, 애완동물이지만 일부가 야생화되어 곳에 따라서는 생태계에 많은 영향을 끼치고 있다.

몸집은 삵과 엇비슷하거나 약간 크지만 털빛이 다양하며 몸이 아주 유연하다. 야행성이지만 낮에도 활동이 잦다.

고양이는 삵을 비롯한 다른 고양이과 동물과는 달리 귀 뒷면에 희거나 누런 반점이 없다.

사는 곳과 생활

도시부터 숲까지 여러 곳에 적응하여 살지만, 대부분 사람이 사는 곳에서 몇 킬로미터 이상 멀리 떨어진 데서는 살지 않는다. 지형이 험한 곳보다는 기울기가 완만한 곳에 더 많이 산다. 물을 좋아하지 않아 물에 들어가는 일이 거의 없다.

야생화한 애완동물이지만 잠자리를 다양하게 옮기며 하루에도 수 킬로미터씩 이동하기도 한다.

발자국

전형적인 고양이과 발자국으로서 발가락은 4개이며 발톱이 찍히지 않는다. 발자국의 전체 모습은 좌우 대칭이 아니다.

발걸음은 일직선에 가까운 갈지자를 그린다.

진흙땅을 밟거나 뛰어 내디딜 때 발자국에 발톱 자국이 남기도 한다. 발자국 크기는 삵과 비슷하다.

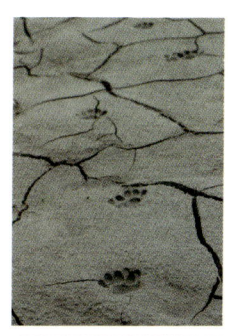

고양이가 걸어간 발자국.
2003년 9월 경남 함양

❶ 고양이 발자국.
2003년 9월 경남 함양
❷ 진흙을 밟을 때 발톱이 함께 찍힌다.
2003년 6월 전남 구례
❸ 많이 쌓인 눈 위를 뛰어간 고양이 흔적.
2004년 1월 지리산 성삼재
❹ 고양이의 여러 가지 걸음걸이. 2004년 1월 지리산 성삼재

고양이와 삵의 차이

고양이는 들고양이의 한 종류로서 유럽이나 아프리카의 들고양이를 조상으로 하고 있다. 과거에는 고양이와 들고양이들을 서로 다른 종으로 구분하였으나 서로 털빛의 차이가 있을 뿐 해부학적·유전적 차이가 거의 없으므로 최근에는 모두 같은 한 종 (Felis silvestris)으로 여기고 있다.

우리나라에 서식하는 삵(Prionailurus bengalensis)은 고양이(Felis silvestris)와 형태가 유사한 측면이 있지만, 분류학적으로 서로 속(genus)이 다를 뿐만 아니라 매우 오랜 기간 동안 완전히 독립된 진화 과정을 거쳐 왔다. 우리나라에서는 고양이와 삵이 한 지역에 섞여 서식하는 경우가 매우 빈번하여 경쟁관계가 있을 수 있지만, 이들 간에 교잡종(hybrid)이 발생되고 이러한 혼혈 개체군이 형성되고 있다는 보고는 아직 없다. 외형적으로 삵은 고양이에 견주어 얼굴 앞쪽의 세로 줄무늬, 등 앞쪽의 세로 줄무늬, 등 뒤쪽과 옆구리의 연한 점무늬, 굵고 내려진 꼬리, 검정 발바닥, 좀 더 갸름한 얼굴 등이 다르지만 모두 정도의 차이에 따른 구분이며 가장 확실한 외형적 구분은 고양이는 삵과 달리 귀 뒷면에 흰색에 가까운 누런 반점이 없다는 것이다. 이러한 귀 뒤의 흰색 반점은 호랑이, 표범, 스라소니에게도 있다.

삵의 귀 뒷면에 있는 누런 반점.

배설물

모래땅처럼 메마르고 드러난 곳에 똥 누기를 좋아한다. 잠자리나 휴식처 근처같이 행동권의 중심이 되는 곳

고양이 똥 싼 자리.
2006년 10월 전북 김제

❶ 메마른 모래가 있는 곳은 고양이가 똥 누기 가장 좋아하는 자리다. 2002년 12월 전남 구례
❷ 고양이가 흙을 파고 싸놓은 똥. 2001년 7월 서울 불광동
❸ 오줌을 땅에 누고 흙으로 덮는 습성이 눈 위에서도 그대로 나타나 있다. 수컷은 호랑이처럼 나무 기둥에 스프레이를 뿌리듯 오줌을 싸서 영역 표시를 하곤 한다. 2003년 12월 전남 구례

에서는 똥을 흙으로 덮지만 나머지 장소에서는 그러지 않는 경우가 많다.

족제비과

헤엄치는 수달.
2001년 7월 강원도 평창

족제비과(Muselidae)는 세계에 25속 65종이 분포하며 우리나라에는 4속 6종이 산다. 주로 야행성이며 무리를 이루지 않고 홀로 살아간다. 오소리를 빼고는 한 해 내내 활동한다. 비교적 작고 긴 몸, 짧은 다리, 작고 둥근 귀, 윤기 있는 털, 쌍으로 된 항문 분비샘을 갖고 있다. 많은 족제비과 동물들은 곰과 동물들같이 짝짓기 뒤 바로 수정란이 자궁에 착상되지 않고 늦어지다가 알맞은 때에 착상되는 착상 지연 현상을 보인다.

족제비과는 대개 두 발을 모아 뛰며 앞의 두 발자국에 뒤의 두 발자국이 겹치는 수가 많다. 이런 두 발을 모아 뛴 소형 족제비과의 발자국을 기억해두면 설치류 발자국과 헷갈리지 않을 것이다. 특히 쇠족제비와 족제비한테는 두 발을 모아 뛰는 것이 눈밭을 지날 때 힘을 가장 아낄 수 있는 방법이다. 하지만 수달과 오소리는 두 발을 모아 뛰지 않으며, 담비는 두 발을 모아 뛰기도 하고 네 발을 각각 디뎌 뛰기도 한다.

족제비와 수달은 부드럽고 많이 쌓인 눈 위에서 뛰어갈 때 꼬리를 끈 흔적을 남긴다. 족제비과 동물들은 다섯 개의 발가락과 발톱 자국을 남기며 뒷발의 발볼이 길다. 수달은 앞뒤 발가락에 물갈퀴가 있다. 족제비과는 대개 암컷이 수컷보다 몸집이 많이 작으며 발자국 크기도 수컷에 견주어 눈에 띄게 작다.

족제비 *Mustela sibirica*

분류 식육목 족제비과
영명 Siberian weasel
몸무게 암컷 200~600g,
　　　 수컷 400~1,000g
수명 야생 평균 2.1년,
　　 동물원 최고 8년
성성숙 2년
먹이 쥐, 새, 새알, 곤충, 다래,
　　 오디, 버찌

어린 족제비.
2001년 9월 서울 신림동

털빛이 황갈색이고 윤기가 나며, 어릴 때는 진한 밤색을 띤다. 주둥이 부분이 하얗고, 수컷이 암컷보다 두 배가량 몸집이 크다.

쥐를 주로 먹으며, 여름철에는 장과류의 열매도 좋아한다. 겨울에는 활동량이 적어지지만 눈 내린 직후에 활발하게 다니며 쥐를 많이 잡아 저장해 놓고 먹는 습성이 있다.

만주, 연해주, 한반도, 제주도, 쓰시마 섬에 분포한다.

사는 곳과 생활

우리나라의 깊은 고산 지대에서 사람이 사는 마을까지 폭넓게 분포하지만, 쥐가 많은 농촌 마을 근처에 더 많이 산다. 몸집에 견주어 행동반경이 넓고 밤낮으로 활동을 많이 하여 자동차에 치여 죽는 일이 많다.

3~4월에 짝짓기를 하고, 4~6월에 평균 7마리의 새끼를 낳아 8월 말부터 독립시킨다. 임신기간은 29일이고, 56일간 젖을 먹인다.

발자국

주로 뛰어다니며 두 발을 모아 뛰기 때문에 발자국이 한 쌍씩 나란히 찍힌다. 족제비과의 전형적인 발자국 모습을 보이는데, 발가락은 5개지만 4개만 찍히는 경우도 많으며 발톱이 함께 찍힌다. 뛰어간 보폭은 20~100cm

❶ 족제비 오른 앞발 자국.
2003년 12월 전남 순천만
❷ 족제비 발자국.
2006년 6월 전남 구례
❸ 족제비의 굴 입구. 지름이 10cm쯤 된다.
2002년 1월 설악산 백담계곡

족제비 · 족제비과 · 식육목 155

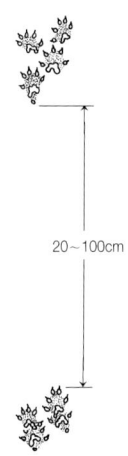

20~100cm

뒷발　　뒷발
앞발　　앞발

족제비가 뛰어간 발자국

눈이 많이 온 직후 가장 활발하게 이동하며 흔적을 남기는 동물이 족제비다. 족제비는 두 발을 나란히 모아 뛰기 때문에 발자국 두 개가 쌍으로 찍히며, 발자국이 갈지자가 아닌 반듯한 선 위에 있게 된다. 이렇게 쌍으로 된 발자국은 시간이 지나 눈이 녹으면서 매우 큰 짐승의 오래된 발자국처럼 보일 수 있으므로, 족제비 발걸음의 특징을 기억해두는 것이 중요하다. 사진에는 눈 위에 끌린 족제비의 꼬리 자국도 살짝 보인다.
2004년 1월 지리산 노고단

이며 발자국이 일직선을 이룬다. 발자국의 크기는 보통 100원짜리 동전만 하다.

눈이 많이 내린 날이나 그 다음 날 쥐를 잡기 위해 눈 속을 누비며 다닌 통로를 볼 수 있다.

눈이 많이 온 직후 족제비는 쥐를 사냥하고 저장하기 위해 눈 속을 파고 다니며 매우 활발하게 사냥한다. 쌓인 눈이 햇볕과 바람에 다져지면 눈 밑에서 움직이는 쥐를 잡기 어려워지기 때문이다. 반면 이 시기에 다른 동물들은 많이 쌓인 눈에 몸이 빠져 탈진되는 것을 피하기 위해 눈이 다져지길 기다리며 움직이지 않는다.
2005년 2월 강원도 강릉

배설물

보통 멸치 크기이며 대부분 검은색이다. 주로 길옆의 길이 40cm 안팎의 돌 위에 똥을 눈다.

똥에 쥐 털이나 장과 열매의 씨앗이 섞여 있으며, 쥐 털이 포함된 경우는 끝이 가늘고 뾰족하다.

족제비 똥과 새 똥의 차이

족제비가 동물의 털이 없는 부분을 먹고 똥을 누었을 때는 똥의 모양과 질감이 전형적인 족제비 똥과는 아주 다르다. 오히려 꿩이나 들꿩의 맹장에서 나오는 2차 배설물과 매우 비슷해서 잘 구분해야 한다. 꿩이나 들꿩의 2차 배설물은 먼저 배설해 놓은 1차 배설물 위에 놓이지만 가끔 따로 떨어져 있기도 한데, 족제비 똥은 아주 역겨운 냄새가 나지만 꿩과 들꿩의 2차 배설물은 악취가 나지 않고 새똥 특유의 흰색 요산이 조금 묻어 있기도 하다(257쪽 '꿩과 들꿩의 배설물 설명' 참조).

 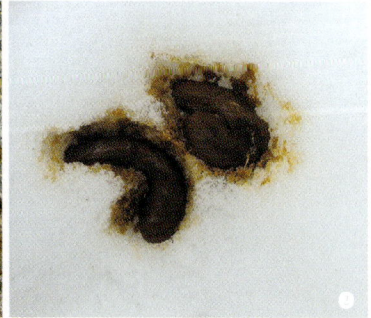

❶ 족제비가 털이 없는 먹이를 먹고 눈 똥. 2002년 8월 지리산 문수리 ❷ 들꿩의 1차 배설물.

❶ 쥐를 먹고 눈 똥. 2005년 11월 경남 천성산
❷ 쥐와 곤충 따위를 먹고 눈 똥. 2001년 7월 경기도 명지산

똥이 먹이에 따라 매우 다양한 질감을 띤다.

털

털은 윤기가 있고 곧으며 가운데 부분이 조금 더 넓다. 모근 부분은 연한 황색이다가 진한 황갈색으로 끝나는 것이 많아 털 가닥의 색이 단조롭다.

❸ 족제비의 꼬리털.
❹ 등에 난 털.

쇠족제비 (무산쇠족제비) *Mustela nivalis*

분류 식육목 족제비과
영명 least weasel
몸무게 30~195g
수명 3~4년 이내
성성숙 3~8개월
먹이 쥐, 새알, 곤충 따위

2004년 8월 충북 충주

세계에서 가장 작은 육식동물로서, 밤색의 윤기 나는 털에 턱 아래부터 배는 희며 꼬리는 짧다. 눈이 오랫동안 쌓이는 지역에서는 겨울에 온몸이 흰 털로 바뀌지만 남한에서 이런 현상은 아직 발견되지 않았다.

수컷이 암컷보다 몸집이 크며, 쥐를 사냥하는 능력이 매우 뛰어나다. 북반구의 중부와 북부에 주로 분포한다.

사는 곳과 생활

남한에서 발견된 사례가 많지 않으나 높은 지대에서 낮은 곳까지 고루 분포하며 전국에 걸쳐 사는 것으로 추정된다. 하루 종일 활발하게 움직이며 쥐를 아주 잘 잡아 한 해에 작은 들쥐를 2,000마리쯤 사냥하는 것으로 알려져 있다. 주로 봄부터 늦여름에 짝짓기를 하고, 34~37일 동안 임신을 하여, 1~7마리의 새끼를 낳는다. 18일 동안 젖을 먹인다.

크기가 작고 재빠르며, 낙엽 밑이나 굴, 돌무더기 속으로 자주 다녀서 눈에 잘 띄지 않는다. 거의 모든 환경에 적응하여 살지만 깊은 산림과 사막, 또는 확 트인 장소

1cm
1.6cm
왼쪽 앞발

왼쪽 뒷발

❶ 쇠족제비 오른쪽 앞발.
❷ 오른쪽 뒷발.
2004년 4월 강원도 원주
❸ 쇠족제비가 지름 5cm가 채 안 되는 구멍으로 드나든 발자국이 나 있다. 쇠족제비는 몸집이 아주 작아서 쥐들이 뚫어놓은 작은 굴들을 자유롭게 다니며 사냥한다.
2005년 2월 중국 헤이룽장 성

쇠족제비가 뛰어간 발자국

소를 꺼리는 경향이 있다(Sheffield and King, 1994).

발자국

족제비처럼 발자국이 한 쌍씩 나란히 찍힌다. 눈 위 발자국의 크기는 설치류처럼 매우 작지만 꼬리가 끌린 자국이 없다.

배설물

쥐를 먹은 족제비 똥과 모양이 비슷한데, 쇠족제비 똥의 크기가 훨씬 작다. 족제비처럼 돌 위에 똥을 누는 일이 있는데, 쇠족제비보다 훨씬 큰 족제비가 길이 20cm가 안 되는 돌 위에 똥을 누기는 어려우므로 똥돌의 크기로 미루어 똥을 눈 동물을 짐작할 수 있다.

쇠족제비가 등줄쥐의 골을 파 먹었다. 2004년 8월 충북 충주

쥐를 잡아먹고 있는 쇠족제비.

똥이 돌 위에 있다면, 그 돌의 크기가 어떤 종이 똥을 누었는지를 알아보는 데 아주 중요하다. 돌에 올라가 똥을 누려면 돌이 몸집보다 커야 하기 때문이다. 따라서 돌과 똥의 크기를 따져 쇠족제비, 족제비, 담비를 구분할 수 있다.

❶❷ 돌 위의 쇠족제비 똥과 확대한 모습.
2003년 9월 지리산 칠선계곡
❸ 돌 위의 쇠족제비 똥.
2003년 3월 지리산 원사봉

오소리 *Meles leucurus*

분류 식육목 족제비과
영명 Asian badger
몸무게 5~16kg
먹이 곤충, 애벌레, 지렁이, 뱀, 쥐, 장과 열매, 과일

2006년 3월 전남 구례

네 다리는 짧고, 몸은 뚱뚱하며, 얼굴 가운데에 황백색의 넓은 세로줄 무늬가 있다.

너구리와 더불어 적응력이 매우 강한 대표적인 잡식성 동물이지만, 우리나라에서는 사람들이 보신용 약재로 쓰려고 마구 잡아 마릿수가 크게 줄었다. 아시아 중위도에 분포하며, 유럽과 일본의 오소리와는 다른 종이다.

사는 곳과 생활

흙이 기름지고 깊은 산등성이 오솔길에서 똥이 주로

오솔길 옆에 오소리 똥굴이 있다. 2002년 6월 강원도 삼척

발견되지만 오소리는 산등성이와 골짜기 모두 좋아한다. 낙엽 밑의 무척추동물들을 주로 먹으며, 이 때문에 서리가 내린 뒤 눈이 쌓이기 전에 일찍 겨울잠에 든다. 늦겨울부터 여름 동안에 짝짓기를 하며, 여러 마리가 굴에 모여 살지만 먹이 활동 등은 혼자서 한다. 또한 너구리처럼 천적 앞에서 죽은 척하다가 도망가곤 한다.

발자국

발가락이 다섯 개 찍힌다. 앞발은 2cm쯤 되는 긴 발톱 자국을 남기며, 뒷발은 발톱이 짧고 어린아이 발 모양의 자국을 남긴다. 하지만 앞발의 발톱이 꽤 길어도 살짝 들고 걸어 다니기 때문에 앞발 자국에 발톱 자국이 남는 일은 많지 않다. 발바닥이 사람과 비슷해서 오소리가 자

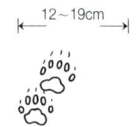

오소리가 걸어간 발자국

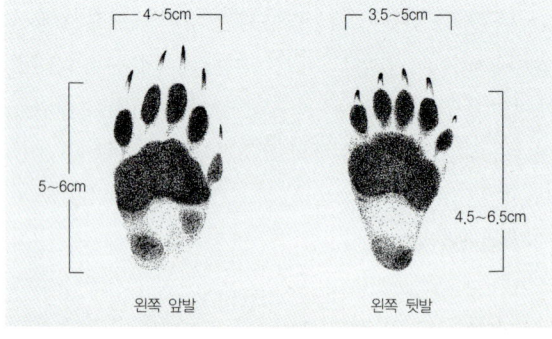

왼쪽 앞발 　　　　왼쪽 뒷발

오소리의 앞발(왼쪽)은 강하고 발톱도 길며 뒷발 발바닥(오른쪽)은 사람과 비슷하다.
2006년 3월 전남 구례

오소리 발자국.
2001년 7월 지리산 불무장등

주 다니는 길은 오솔길처럼 잘 다져 있는 수가 많다.

낙엽이 많이 쌓인 곳에서는 멧돼지처럼 주둥이로 죽 헤집고 다닌 흔적을 남기기 때문에, 멧돼지 발굽 자국이 있는지 확인하여 혼동을 피해야 한다.

발톱 자국

지나다니는 길의 쓰러진 나무에 발톱 자국을 일부러 내기도 한다.

쓰러진 나무에 남은 오소리 발톱 자국. 발톱을 갈거나 세력을 보여 주기 위해 이런 흔적을 일부러 남긴다.
2000년 12월 강원도 화천

❶ 똥굴 앞의 오소리 똥.
2003년 7월 지리산 질매재
❷ 똥을 누고 있는 오소리.

배설물

늘 지나다니는 길 가장자리에 지름 20cm, 깊이 20cm 쯤 되는 굴을 얕게 파고 입구에 반복해서 똥을 눈다. 이러한 곳에는 한 굴에서 사는 모든 오소리들의 똥이 모여 있으며, 이는 자연스레 다른 굴에 사는 오소리들에게 이 근방이 자신들의 영역임을 알리는 역할을 한다. 이처럼 똥굴을 점검하고 다니는 순찰로에서 다른 굴의 오소리를

❸ 오소리는 늘 다니는 길옆에 얕은 굴을 파고 똥을 눈다.
2003년 9월 지리산 칠선계곡
❹ 오소리 똥은 마디가 지지 않고 검은 것이 특징이다.
2003년 9월 지리산 칠선계곡
❺ 오소리는 무척추동물 말고 다래와 버찌 같은 열매도 잘 먹는다.
2003년 9월 지리산 칠선계곡

만날 경우 특히 수컷끼리는 서로 맹렬하게 공격한다.

딱정벌레나 지렁이 같은 무척추동물을 가장 많이 먹기 때문에 배설물이 질고 털과 마디가 없이 매끄럽다. 가끔 장과 열매, 뱀, 쥐 따위를 먹은 똥을 보기도 한다. 일부 장소에서는 너구리처럼 똥자리를 두고 수차례에서 수십 차례 반복적으로 배설을 하곤 한다. 하지만 너구리의 똥은 차곡차곡 높게 쌓여가는 반면 오소리의 똥은 쌓이지 않고 넓게 퍼지며 너구리 똥과 달리 대부분 검은색이며 쉽게 부식되어 형태를 알아보기 힘든 것들이 많다.

❶ 굴 주변의 낙엽을 끌어 모아 굴로 들어가는 오소리.
❷ 오소리 굴은 입구가 여러 곳이며, 주로 다니는 입구는 오랫동안 드나들어 많이 파헤쳐 있다.
2005년 11월 경남 천성산
❸ 오소리는 겨울잠에 들 때 굴 주변의 낙엽을 모아 들어가기 때문에 굴 입구에 낙엽이 없는 경우가 많다.
2001년 3월 북한산

동면굴

오소리는 우리나라의 족제비과 동물 가운데 유일하게 겨울잠을 자며, 지렁이, 딱정벌레 같은 무척추동물을 주로 먹기 때문에 서리가 내리는 늦가을이면 일찌감치 겨울잠에 들기 시작한다. 하지만 이따금 눈이 쌓인 한겨울에도 굴에서 나와 돌아다니기도 한다.

추위를 막기 위해 낙엽을 긁어모아 굴속으로 갖고 들어가기 때문에 겨울잠을 자는 굴 주변에는 맨땅이 넓게 드러나 있다.

털

오소리의 털은 3~6cm 길이에 약간 곧은 편이다. 모근 부분은 흰색이고 검은색으로 바뀌다가 다시 흰색으로 끝나는 것이 특징이다.

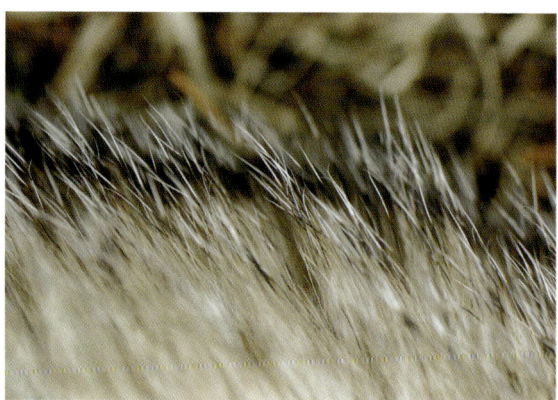

오소리 털은 대부분 끝이 흰색이지만, 너구리 털은 검은색으로 끝난다.
2006년 3월 전남 구례

담비 (노란목도리담비, 대륙목도리담비) *Martes flavigula*

분류 식육목 족제비과
영명 yellow-throated marten
몸무게 2.5~6kg
먹이 설치류, 청설모, 다래, 머루, 고욤, 꿀

2002년 1월 강원도 평창

몸통은 노랗고 얼굴, 네 다리, 꼬리는 검다. 꼬리는 굵고 길다. 삵과 더불어 생태적 지위를 유지하고 있는 남한의 대표적인 중형 포식동물이지만 과일과 꿀도 좋아하는 잡식성이다.

제법 큰 산에 잇닿은 숲 속에 살아서 드물게 보인다. 인도, 동남아시아, 연해주 남부, 한반도에 분포한다.

사는 곳과 생활

큰 산과 이어진 숲의 안쪽에 살며, 풀밭보다는 우거진 숲을 좋아하고 나무를 잘 탄다. 청설모와 쥐를 주로 잡아

2000년 12월 강원도 화천

먹지만 멧토끼, 고라니, 어린 멧돼지를 담비 두세 마리가 함께 공격해 사냥하기도 한다. 여름에는 다래, 초겨울에는 고욤 따위의 나무 열매도 아주 좋아한다.

두세 마리가 무리를 지어 다니며, 다른 포유류와 달리 주로 낮에 활동한다.

발자국

발가락이 다섯 개 찍히며 날카로운 발톱이 함께 찍힌다. 걷지 않고 주로 뛰어다니며, 뛰어간 보폭은 50~150cm이다.

발가락과 발볼의 모양과 크기가 수달의 것과 비슷하여, 강가에서는 날카로운 발톱과 물갈퀴 자국 따위로 수달의 발자국과 구별해야 한다.

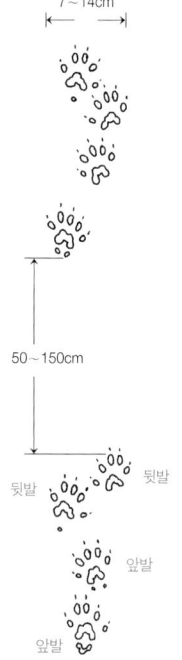

담비가 뛰어간 발자국

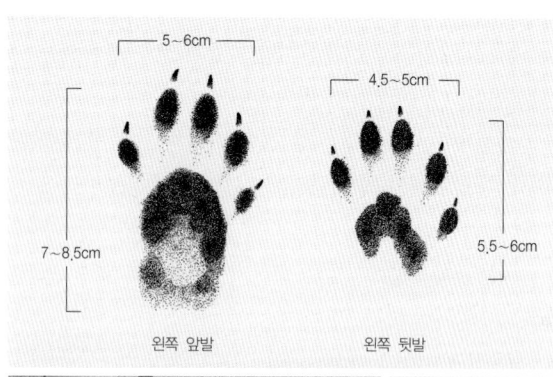

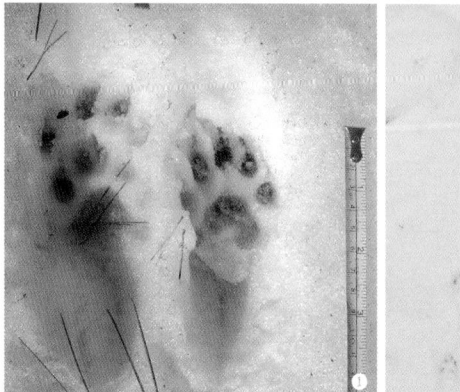

❶ 담비 발자국. 앞발이 나란히 찍힌 뒤에 두 뒷발이 덮은 모습이다.
2002년 1월 설악산 백담계곡
❷ 담비 역시 다른 족제비과 동물처럼 주로 뛰어간 발자국을 남긴다.
2002년 12월 지리산 명선봉

담비와 수달의 서로 닮은 발자국을 알아보는 방법

수달의 무딘 발톱과 물갈퀴는 발자국으로 남지 않는 수가 많고, 담비의 날카로운 발톱 역시 안 찍히는 경우가 있다. 이러한 경우 수달과 담비의 발자국은 크기와 형태가 매우 비슷해지므로, 두 종 모두 서식하는 계곡에서는 발자국의 물갈퀴와 발톱의 특성을 유심히 보고, 발자국의 연결된 지점에서 나타나는 수달과 담비의 특징적인 흔적들을 살피는 것이 중요하다.

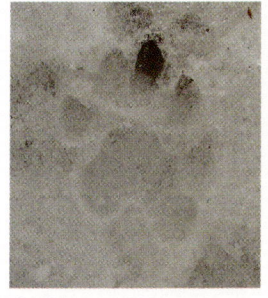

담비 발자국
2003년 2월 지리산 문바우등

수달 발자국
2006년 10월 섬진강

발톱 자국

발톱을 손질할 때나 경쟁 동물의 영역 표시가 있을 경우 나무를 발톱으로 긁거나 이빨로 물어뜯기도 한다. 이때 나무껍질을 잘 살피면 털을 찾을 수 있다. 털은 윤기가 있고 검은 털과 노란 털이 있다. 나무를 잘 오르며 층층나무같이 껍질이 연한 나무에 날카로운 발톱 자국을 남겨 놓는다.

배설물

담비 똥은 보통 7cm 넘게 길고 손가락 굵기이며, 똥 속에 잡아먹은 동물의 털들이 꼬여 있다. 배설물에 쥐 털, 벌, 장과 열매, 감 씨앗 따위가 섞여 있으며, 쥐 털이 섞인 똥은 끝이 가늘고 뾰족하다. 주로 길옆의 길이 1m쯤 되는 작은 바위나 쓰러진 나무 위에 똥을 눈다.

줄기에 끼어 있는 담비 털.
2003년 8월 지리산 대성골

❶ 초겨울에 고욤을 먹은 담비 똥. 작은 고욤 씨를 볼 수 있다. 2002년 12월 지리산 불무장등
❷ 다래를 먹고 눈 똥. 담비는 잡식성이며 감, 다래, 머루같은 단맛이 강한 열매를 좋아한다. 이런 열매가 없는 철에는 주로 설치류를 잡아먹으며 멧토끼와 어린 노루도 사냥한다. 2003년 10월 지리산 반야봉
❸ 청설모를 먹고 싼 똥. 2001년 1월 지리산 천은사계곡
❹ 담비가 배설하기 좋아하는 길옆 작은 바위. 2003년 10월 지리산 반야봉
❺ 담비의 오줌과 똥이 있는 바위. 담비는 이렇게 지름 1m 안팎의 길옆 바위 위에 배설을 하곤 한다. 2003년 2월 지리산 불무장등

똥을 눈 후 항문 분비액을 바위에 문지르고 있다.
족제비과의 동물은 단독 생활을 함에도 불구하고 쌍으로 된 항문 분비샘을 이용해
서로 간의 매우 복잡한 행동 생태를 만들어 낸다.

수달 *Lutra lutra*

분류 식육목 족제비과
영명 Eurasian otter
몸무게 암컷 4~8kg,
  수컷 7~12kg
짝짓기 주로 2~3월
임신기간 60~70일
새끼 2~3마리
성성숙 2~3년
먹이 물고기, 오리, 개구리, 가재, 쥐, 뱀 따위

2003년 10월 전남 구례

몸 전체가 윤기가 나는 진한 밤색이고 턱 아래는 희다. 다리는 짧고, 꼬리는 굵고 길다. 하천 생태계의 가장 꼭대기에 있는 포식자로서 육식성이다.

우리나라 수달의 서식 현황에 대해선 일부 논란이 있다. 광범위한 하천공사와 수질오염, 교통사고에도 불구하고 최근에는 수도권의 한강을 제외한 전국의 많은 하천에서 수달이 관찰된다. 과거의 조사가 부실했기에 근래 수달이 실제로 늘었는지는 확실치 않다. 다만 수많은 댐과 저수지의 건설이 하류의 연례적인 홍수를 줄여 휩쓸리는 물고기의 주기적인 감소를 막고, 산과 논밭에서 유입되는 유기물의 증가가 물고기의 먹이양을 늘렸다면, 수달의 먹이 공급이 안정되어 다른 모든 서식 환경이 나빠졌음에도 불구하고 실제로 수달의 수가 늘어났을 수도 있다.

13종이 있으며 세계에 널리 분포한다. 우리나라에 서식하는 종은 유럽, 아시아, 북아프리카에 살며 일본에선 1980년대에 멸종했다.

❶ 수달 발자국에서는 물갈퀴 흔적을 찾을 수 있다.
2003년 10월 전북 남원 주촌천

❷ 수달은 네 발 모두에 물갈퀴가 있다. 유달리 발가락볼이 두툼해서 발자국에 둥근 구슬로 누른 듯한 홈들이 생긴다.
2003년 9월 전남 구례

❸ 수달 두 마리가 강가를 뛰어간 자국. 오른쪽의 작은 발자국은 너구리의 것이다.
2002년 12월 섬진강

❹ 바다에서 나오며 모래밭에 꼬리를 끈 자국. 2001년 11월 러시아 연해주 라조 보호구역

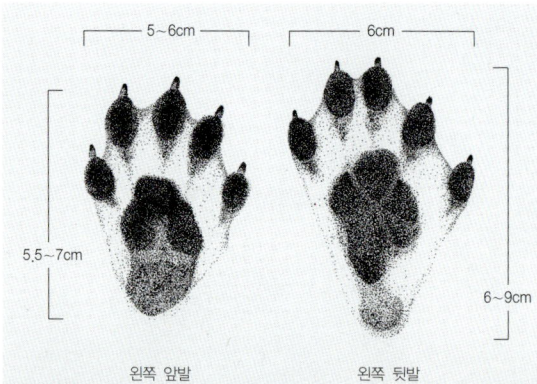

왼쪽 앞발   왼쪽 뒷발

수달이 눈밭 위에 배를 끌며 지나간 자리.
2002년 1월 강원도 평창 송천

사는 곳과 생활

물고기가 있는 곳이면 어디든 살며, 바닷가와 섬에도 살지만, 강둑이 콘크리트로 바뀌면 먹이가 줄고 새끼를 키울 굴이 없어져 살지 못한다. 이동 거리가 꽤 길어 5~50km에 이른다. 굴이 없는 곳에서는 이따금 갈대를 엮어 새 둥지와 같은 보금자리를 만들어 새끼를 키우기도 한다.

발자국과 발톱 자국

발가락이 5개이지만 4개만 찍힐 때도 많다. 발톱도 함께 찍히는데 작고 무디다. 발가락볼의 살이 도톰해서 발가락이 찍힌 부분이 둥글고 제법 깊게 들어가 있다. 발가락 사이의 물갈퀴가 찍히거나 꼬리를 모래나 눈 위에

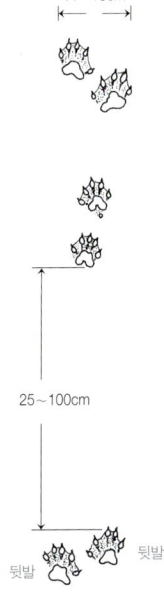

수달이 뛰어간 발자국

수달은 물가 모래톱의 모래를 긁어모은 뒤 배설을 하곤 한다. 수달은 발톱이 짧고 뭉툭해서 발톱 자국 역시 굵고 무디다. 2003년 10월 섬진강

❶ 눈 위에서 미끄럼 타며 내려오는 수달.
❷ 눈으로 덮인 하천을 지나가며 만든 구멍.
2002년 1월 설악산 백담계곡
❸ 겨울철 강에서 이동한 수달의 흔적은 쉽게 눈에 띈다.
2006년 1월 지리산 달궁계곡
❹ 눈이 많이 쌓인 비탈에서는 미끄럼을 타며 내려간다.

서 끌고 간 흔적을 남기기도 한다.

  발자국에 발톱 자국이 남지 않는 경우가 많지만, 물 밖 모래톱의 모래를 긁어모아 그 위에 똥을 눌 때는 모래 위에 굵고 무딘 발톱 자국이 뚜렷하게 남는다.

❶ 돌 위의 수달 똥.
2001년 12월 경북 봉화 현동천
❷ 모래 언덕 위의 수달 똥.
2003년 10월 섬진강

눈 위 흔적

눈과 얼음으로 덮인 계곡에서는 몇십 미터 간격으로

❸ 모래를 긁어모은 뒤 위에 배설하기도 한다.
2006년 10월 전남 구례
❹ 수달 암컷의 배설물, 오줌과 똥이 함께 붙어 있다.
2001년 11월 러시아 연해주 시호테알린 보호구역

❶ 수달의 배설물은 빠르게 굳으며 돌에 단단히 붙는다. 2003년 10월 섬진강
❷ 물고기를 먹고 눈 똥. 2003년 4월 전북 남원
❸ 가재를 먹고 눈 똥. 2003년 4월 경북 울진
❹ 개구리를 먹고 눈 똥. 암컷 개구리의 배 속에 있던 알은 소화되지 않고 그대로 나온다. 2003년 4월 경북 울진

지름 15cm 가량의 숨구멍을 내며 물속에서 이동한다.

눈 위에서는 꼬리가 끌린 자국을 남기며, 비탈에서는 미끄럼을 타고 내려가기도 한다.

배설물

강의 물 밖으로 나온 돌 위나 바위 처마 아래에 똥을 누며, 모래톱의 모래를 긁어모아 그 위에 누기도 한다. 똥에는 물고기나 개구리 따위의 뼈가 많이 들어 있다.

똥이 빨리 굳고 돌 위에 딱 붙어 있어 물이나 비에 잘 휩쓸리지 않는다. 색깔은 대개 검은색이며 시간이 지나면서 희어진다. 수달 특유의 비릿한 냄새를 풍긴다. 수달은 완전한 육식성 동물로, 똥에 식물 성분이 섞여 있지 않다.

곰과

곰과(Ursidae)는 세계에 8종이 분포하며 우리나라에는 반달가슴곰과 불곰이 사는데, 남한에는 반달가슴곰만 산다. 불곰은 우리나라에 사는 식육목 가운데 가장 무게가 많이 나가 500kg이 넘는 경우도 있다.

다부진 몸, 강력한 앞발, 작고 둥근 귀, 간격이 좁고 앞을 향해 있는 작은 눈이 곰과의 특징이다. 시력은 조금

반달가슴곰.
2003년 4월 지리산 피아골

약하지만 후각이 예민하게 발달했다. 또 사람같이 다섯 개의 발가락과 발톱이 있으며, 걸을 때 발바닥 전체를 디디기 때문에 발뒤꿈치가 땅에 닿는다. 따라서 곰의 발자국은 매우 크고 뒷발이 사람 발과 비슷하기 때문에 알아보기가 쉽다.

육식성 먹이뿐만 아니라 나뭇잎, 가지, 산딸기, 도토리, 곤충 들을 먹는 잡식성이지만, 반달가슴곰은 불곰에 견주어 초식을 주로 한다.

흔히들 곰들은 겨울철에 안전한 굴에 들어가 겨울잠을 잔다고 믿지만 곰의 겨울잠은 깊은 수면이 아니며 체온도 얼마 떨어지지 않는다. 곰들은 겨울잠을 자는 중에 새끼를 낳는데, 반달가슴곰은 한배에 보통 두 마리를 낳는다. 하지만 짝짓기는 초여름에 하며, 짝짓기를 한 뒤 수정란이 바로 자궁벽에 착상되지 않고 암컷의 자궁 안에서 6개월쯤 휴면기를 거치고 겨울에 착상되는 '착상 지연' 현상을 보인다.

반달가슴곰 (곰, 반달곰) *Ursus thibetanus*

분류 식육목 곰과
영명 Asiatic black bear
몸무게 80~200kg
수명 야생 25년, 동물원 33년
짝짓기 여름부터 늦여름
임신기간 7~8개월
새끼 보통 2마리
독립 2~3년
성성숙 3~4년
먹이 도토리, 장과 열매, 산나물, 곤충, 애벌레, 꿀

2004년 4월 지리산 피아골

몸 전체가 검으나 가슴에 V자 모양의 흰색 무늬가 있다. 나무에 잘 오르며, 앞발의 힘이 세고, 특히 냄새를 잘 맡는다. 쓸개인 웅담을 노린 밀렵으로 남한에서는 거의 사라졌으며, 지리산에 몇십 마리를 러시아와 북한에서 들여와 복원하고 있다.

잡식성이지만 먹이의 대부분이 식물성이어서, 봄에는 산나물을, 여름에는 산딸기, 머루, 다래, 버찌, 오디 같은 열매를, 가을에는 도토리를 주로 먹는다. 히말라야 동부, 동남아시아, 중국, 러시아 연해주 남부, 한반도, 일본에 분포한다. 원래는 그냥 '곰'이라 불렀으며, '반달가슴곰'은 일본 이름을 번역한 것이다.

사는 곳과 생활

호랑이와 사람이 접근하기 힘든 높은 지대의 험하고 바위가 많은 신갈나무 숲을 중심으로 생활한다. 겨울에는 겨울잠에 들며 도토리가 얼마나 열리고 눈이 얼마나 쌓이는가에 따라 겨울잠을 자는 시기가 달라진다. 겨울잠을 자는 기간은 새끼 딸린 암컷이 가장 길고 홀로 사는

반달가슴곰이 나무 속의 벌꿀(목청)을 먹으려고 뜯어냈다. 반달가슴곰은 꿀에 대한 집착이 대단해서 꿀이 있는 벌집을 보면 절대 포기하지 않는다.
2005년 7월 러시아 연해주 케드로파야 보호구역

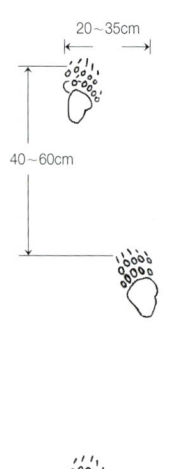

수컷이 가장 짧다. 멧돼지와 몸집과 먹이가 비슷하지만 멧돼지는 식물의 뿌리를 파 먹을 수 있고, 반달가슴곰은 나무 위의 도토리를 따 먹을 수 있다. 반달가슴곰의 천적은 호랑

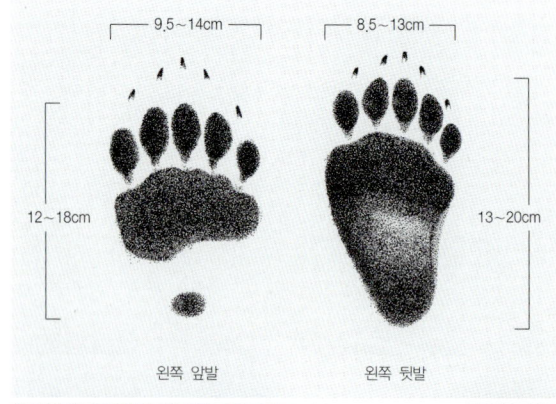

왼쪽 앞발 / 왼쪽 뒷발

앞발 / 뒷발

앞발 / 뒷발

반달가슴곰이 느리게 걸어간 발자국

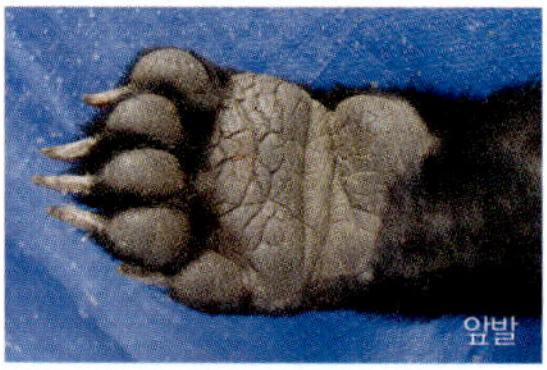

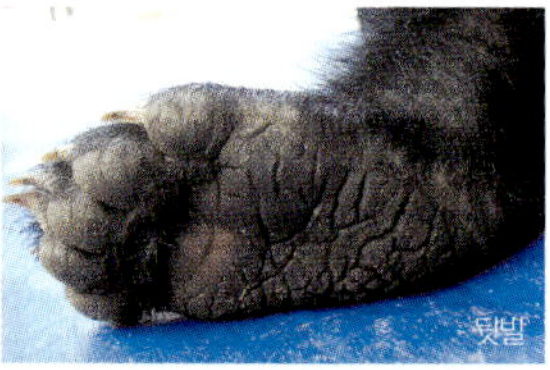

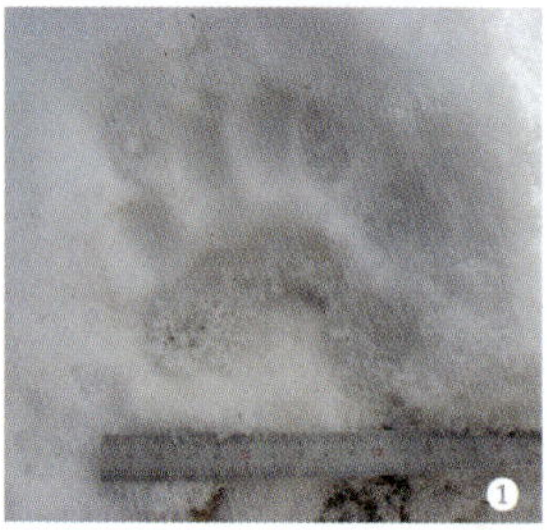

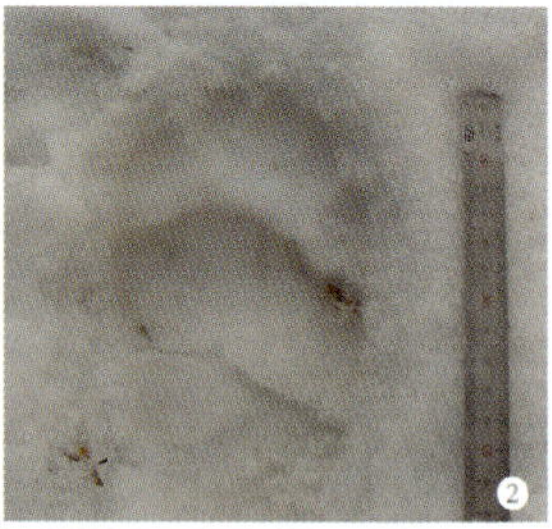

❶ 24개월 난 수컷 반달가슴곰의 앞발 자국.
❷ 뒷발 자국.
❸ 반달가슴곰은 몸통이 넓어 어슬렁거리며 걷는 것처럼 보인다. 그래서 앞으로 나아가더라도 발자국이 비스듬하게 꺾여서 남는다. 걸어갈 때는 앞발 자국 위에 뒷발 자국이 포개진다.
2003년 1월 지리산 피아골
❹ 눈이 많이 쌓인 초겨울 반달가슴곰의 발자국 위에 낙엽이 쌓여 있다.
2002년 12월 지리산 불무장등

이와 사람이다.

발자국

발가락이 다섯 개 찍히며 발톱이 함께 찍힌다. 뒷발은 사람 발자국과 비슷하다. 발걸음이 심하게 갈지자를 그린다. 가도사키 마사아키門崎允昭(1996)에 의하면 반달가슴곰의 발 크기는 수컷의 경우 앞발이 가로 10~12cm×

❶ 감을 먹은 반달가슴곰 똥. 2003년 11월 지리산 문수리
❷ 반달가슴곰이 풀을 먹고 눈 똥. 2003년 5월 지리산 문수리
❸ 반달가슴곰이 겨울잠에 들기 직전 내장을 청소하기 위해 낙엽 같은 거친 물질을 먹고 배설했다.
2003년 1월 지리산 돼지평전
❹ 잠자리로 많이 쓰는 굴 근처에는 한 곳에 똥이 쌓여 있기도 한다.
2003년 11월 지리산 반야봉
❺ 반달가슴곰이 도토리를 먹고 눈 지 며칠 안 된 똥. 도토리를 먹은 반달가슴곰의 똥은 아주 매끄럽고 굵으며 갈색을 띠지만 시간이 지날수록 검게 바뀌며 가늘게 말라 부피가 많이 줄어든다. 도토리를 먹을 때에는 껍질을 까서 먹기 때문에 대개 껍질이 똥에 섞이지 않지만 겨울로 접어들면 도토리 껍질도 함께 먹어 껍질이 똥에 섞이기도 한다.
2003년 10월 지리산 반야봉

❶ 도토리 껍질과 열매의 씨앗이 섞여 있는 반달가슴곰 똥. 2001년 러시아 연해주 시호테알린 보호구역
❷ 도토리를 먹고 눈 뒤 시간이 오래 지나 검고 가늘게 바뀐 똥.
2003년 11월 지리산 반야봉

세로 14~17.5cm이고, 뒷발이 가로 9.5~11cm×세로 16.4~19.5cm이다. 암컷의 경우 앞발이 가로 9.4~11cm×세로 12.4~15.3cm이고, 뒷발이 가로 8.5~9cm×세로 13.8~16cm이다. 그러나 우리나라를 비롯한 만주와 연해주의 반달가슴곰의 체격이 좀 더 크다는 것을 염두에 둬야 한다.

배설물

잠자리에서는 정해진 곳에 누지만 보통은 아무 곳에나 눈다. 마디가 없이 매끄럽거나 퍼져 있어서 사람 똥과 비슷하지만 부피가 더 크다. 똥은 도토리, 장과 같은 열매로 이루어져 있다. 보통은 냄새가 별로 나지 않고, 시간이 지나면서 검은색으로 바뀐다. 겨울잠을 자는 시점이 임박했을 때의 똥은 낙엽, 자신의 털 같은 거친 성분으로만 이루어져 있다.

잠자리와 동면굴

여름에는 땅 위나 바위 처마 아래에 낙엽이나 조릿대를 조금 깔아 잠자리를 만든다. 겨울잠은 바위굴이나 나무 구멍에서 잔다. 굴이 아닌 곳에서 겨울잠을 잘 때는 바

위 처마 아래에 낙엽을 둥글게 쌓거나 침엽수 아래 조릿대를 크게 엮어 집을 만든다. 땅 위에 철쭉, 조릿대, 낙엽 따위로 만든 잠자리는 멧돼지의 것과 헷갈릴 수 있으므로 털 같은 흔적을 찾아 확실히 구분해야 한다. 반달가슴곰이 더 정교하고 솜씨 있게 잠자리를 만들지만, 여름철에는 잠자리가 모두 빈약하거나 그냥 맨땅에서 자기 때

❶ 반달가슴곰이 겨울잠을 자고 있는 졸참나무의 구멍 입구. 2003년 2월 지리산 피아골
❷ 겨울잠을 자는 굴로 쓰인 나무 구멍의 안쪽. 마른 부스러기 따위를 긁어 바닥에 깔았다. 2002년 12월 지리산 피아골
❸ 반달가슴곰이 잠자리로 쓰는 바위 굴 입구.
2003년 11월 지리산 반야봉

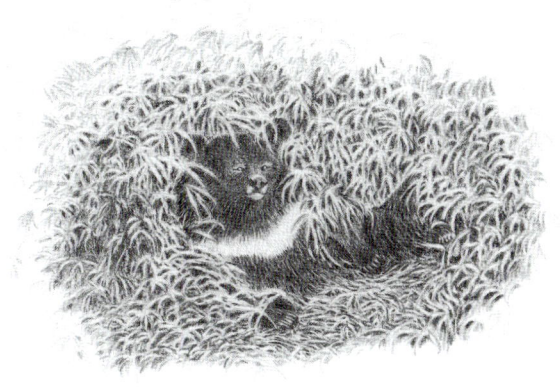

조릿대를 엮어 쉬고 있는 반달가슴곰.

바위로 된 동면굴 입구에는 낙엽이 거의 없다. 반달가슴곰이 모두 굴속으로 갖고 들어가기 때문이다.

❶ 낙엽을 쌓아 만든 바위 처마 아래의 겨울잠 자리. 2003년 3월 지리산 화엄사계곡
❷ 잣나무 아래에 조릿대를 튼튼히 엮어 만든 겨울잠 자리. 2003년 1월 지리산 돼지평전

문에 주변의 배설물과 털을 확인할 필요가 있다.(239~240쪽 '멧돼지의 잠자리와 둥지' 참조).

상사리

늦여름에서 초가을 무렵에 나무 위에서 가지를 꺾어 도토리를 따 먹고 쌓아 놓은 상사리를 볼 수 있는데, 보통 지름 1~2m의 거친 까치 둥지 모양이며 위에 앉아 쉬기

산벚나무 위에서 버찌를 따 먹으며 상사리를 만들고 있는 반달가슴곰.

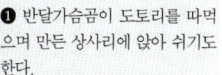

❶ 반달가슴곰이 도토리를 따먹으며 만든 상사리에 앉아 쉬기도 한다.
2003년 10월 지리산 반야봉
❷ 상사리는 도토리가 떨어지기 전인 여름에 많이 만들어지기 때문에 그때의 나뭇잎이 떨어지지 않고 겨울까지 붙어 있다.
2003년 11월 지리산 반야봉
❸ 땅에 움푹 파인 반달가슴곰 잠자리. 옆에 있는 나무를 꺾어 놓았다.
2001년 11월 러시아 연해주 라조 보호구역
❹ 산벚나무에 만든 상사리.
2005년 2월 중국 헤이룽장 성
❺ 2년에 걸쳐 반달가슴곰이 올라간 나무에 다섯 개의 발톱 자국이 나 있다. 이곳이 반달가슴곰이 방해받지 않고 줄곧 살아가는 곳임을 말해 준다.
2005년 2월 중국 헤이룽장 성
❻ 다래 넝쿨이 타고 오른 나무를 오르면서 만든 발톱 자국. 반달가슴곰은 다래, 머루, 산딸기, 감처럼 단맛 나는 열매를 아주 좋아한다.
2005년 2월 중국 헤이룽장 성

❶ 반달가슴곰이 까먹은 도토리 껍질.
2002년 10월 전남 구례
❷ 반달가슴곰이 물어뜯은 등산화. 반달가슴곰은 맹수이므로 음식으로 유혹하거나 화나게 할 경우 사람이 크게 다칠 수 있으니 조심해야 한다.
2003년 11월 전남 구례
❸ 반달가슴곰은 꿀을 아주 좋아해서 사람이 사는 데까지 내려와 벌통을 습격하곤 한다.
2003년 11월 지리산 문수리
❹ 초겨울 쌓인 눈을 헤치며 도토리를 찾은 흔적. 발자국을 잘 살펴 멧돼지의 흔적인지 세심하게 구분해야 한다. 도토리는 가을철 반달가슴곰의 주식으로 도토리가 얼마나 열리는가에 따라 겨울잠을 자는 시기가 결정되고 건강 상태도 달라진다.
2002년 12월 지리산 불무장등

❶ 먹이 활동과 상관없이 꺾어 놓은 나무.
2003년 12월 지리산 피아골
❷ 반달가슴곰은 침입자에게 미리 경고하거나 또는 단순히 힘을 과시하기 위해 나무를 꺾곤 한다.
2003년 12월 지리산 피아골

도 한다. 나무를 오르내릴 때 너비 10cm 안팎의 발톱 자국이 나무껍질에 남겨진다.

힘자랑

이따금 반달가슴곰이 자신의 힘과 세력을 알리기 위해 일부러 꺾어 놓은 나무나 강한 발톱 자국을 볼 수 있다. 특히 잠자리 가까이에 지름 5cm쯤 되는 생나무를 부러뜨려 세력을 과시한다.

그 밖의 흔적

털은 조금 꼬불꼬불하고 윤기가 조금 돌며 검은색을 띤다. 털 길이는 주로 5~10cm쯤 된다.

불곰 (큰곰) *Ursus arctos*

분류 식육목 곰과
영명 brown bear
몸무게 80~600kg
수명 야생 30년, 동물원 50년
성성숙 4~6년
먹이 열매, 나물류, 연어, 사슴 등

2003년 11월 경기도 과천 서울대공원

우리나라에서 덩치가 가장 크고 힘이 센 육상 야생동물이다. 몸은 크고 뚱뚱하며, 털은 암갈색에서 검은색까지 변화가 많다. 반달가슴곰과 달리 가슴에 흰색 무늬가 없으나 어린 곰은 흰 무늬가 있기도 하다.

남한에는 살지 않으며 북한의 북부 지역에서만 산다. 북한에서는 '큰곰'이라고 부르며, '불곰'은 일본 이름을 번역한 것이다.

잡식성이며 식물의 뿌리, 열매, 잎, 곤충, 사체를 많이 먹는데 반달가슴곰에 견주어 육식을 좀 더 한다.

사는 곳과 생활

숲이 울창한 곳에 살지만 반달가슴곰에 견주어 지형이 완만한 곳을 좋아하며, 북부 지역에 주로 분포한다. 금강산에서도 잡힌 기록이 있으나 남한에서는 기록이 없다. 반달가슴곰과 달리 어릴 때만 나무를 타며, 산등성이나 나무 그루터기 아래에 흙을 파서 굴을 만들어 겨울잠을 잔다.

짝짓기는 주로 5~7월에 하며, 180~266일 동안의 임신기간을 거쳐 새끼를 보통 2마리 낳는다. 새끼들이 독립하는 데 2~3년이 걸린다.

발자국

발가락이 다섯 개 찍히며 발톱이 함께 찍힌다. 뒷발은 사람 발자국과 비슷하다. 발걸음이 심하게 갈지자를 그린다.

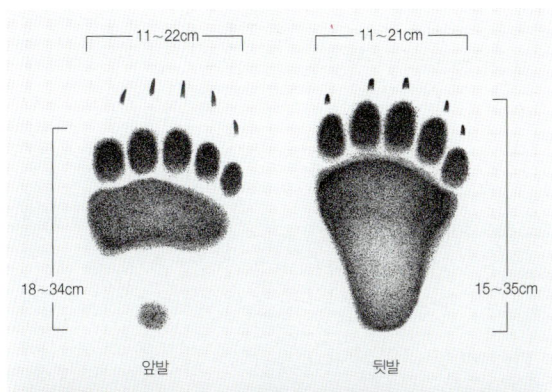
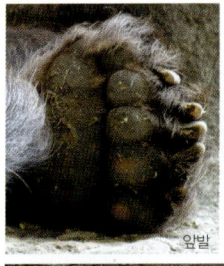
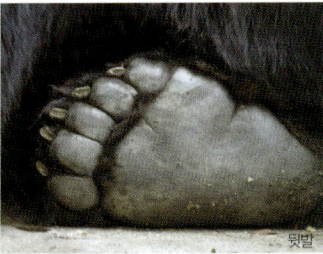

❶ 불곰은 새끼 때만 나무를 오르는데, 나무에 발톱 자국을 남기기도 한다.
2005년 8월 일본 홋카이도
❷ 일본 홋카이도에 사는 몸집이 좀 작은 다 자란 불곰 암컷의 발자국. 다른 지역의 불곰 발바닥에 비해 작다.
2005년 8월 일본 홋카이도

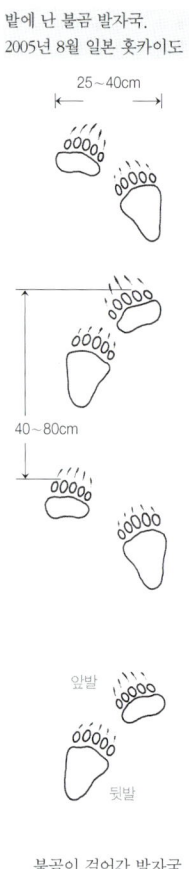

밭에 난 불곰 발자국.
2005년 8월 일본 홋카이도

불곰이 걸어간 발자국

불곰의 발자국은 반달가슴곰과 모양은 매우 비슷하지만 반달가슴곰보다 훨씬 크다.

배설물

똥의 크기가 큰 삽에 꽉 찰 만큼 아주 크며, 먹이에 따라 모양이 다양하다. 단맛 나는 열매나 즙이 많은 풀을 많이 먹으면 똥에서 그런 성분을 볼 수 있다.

잡식성이지만 동물성 먹이로는 가끔 사냥을 해서 잡

❶❷ 아욱을 뜯어 먹은 불곰의 똥과 확대 사진.
2005년 8월 일본 홋카이도
❸ 불곰이 겨울잠을 잔 굴.
❹ 굴 안쪽 모습.
2005년 8월 일본 홋카이도

불곰이 사탕무를 뽑아 먹었다.
2005년 8월 일본 홋카이도

은 것을 먹거나, 사체도 많이 먹는데 굵은 뼈까지 씹어 먹어서 배설물과 남겨진 사체에 그 흔적이 남는다.

동면굴

반달가슴곰과 달리 땅을 파 굴을 만들어 겨울잠에 든다. 굴의 입구는 크지 않지만 안은 사람 3~5명이 앉을 수 있을 만큼 넓다. 굴 바닥에는 낙엽과 조릿대 따위를 깔아 추위를 막는다.

우제목

노루. 2004년 6월 한라산

발굽이 있는 동물을 통틀어 유제류(有蹄類, Ungulata)라고 하며, 분류학적으로 말처럼 발굽의 수가 홀수인 기제목(奇蹄目, Perissodactyla, Odd-toed ungulate)과 노루나 소처럼 짝수인 우제목(偶蹄目, Artiodactyla, Eventoed ungulate)이 있는데, 우리나라의 유제류는 모두 우제목에 속한다.

우제목은 세계에 10과 220종이 분포하며, 우리나라에는 4과 7종이 있다. 우제목은 발굽이 네 개가 있고 3번 발가락과 4번 발가락 사이로 무게의 중심축이 지나며 이 두 발가락으로 걷는다. 며느리발톱이라고 부르는 작은 발굽 두 개가 발 뒤쪽 높은 곳에 있는데 2번과 5번 발가락이 퇴화한 것이다. 1번 발가락은 완전히 사라졌다. 며느리발톱은 대개 달리거나, 눈 위 또는 진흙땅을 지날 때 찍힌다.

우리나라에 사는 우제목은 멧돼지 말고는 모두 초식성이며, 위턱에 앞니가 없고, 4개의 위를 갖고 있으며 되새김질을 한다. 식생을 조절하고 대형 맹수의 먹이 동물로서 생태계에서 중요한 역할을 한다.

고라니 *Hydropotes inermis*

분류 우제목 사슴과
영명 water deer
몸무게 10~22kg
먹이 풀, 농작물, 나뭇잎, 어린 가지, 싹, 물풀

2000년 2월 경북 경주

암수 모두 뿔이 없으며 수컷은 날카로운 송곳니가 밖으로 길게 나와 있으며, 암컷의 송곳니는 1~2cm 내외로 짧다. 꼬리는 암수 모두 5~10cm로 매우 짧다. 수컷의 송곳니는 싸움을 할 때 사용되는데 안면 근육을 이용해 각도 조절이 가능하다.

세계에서 우리나라와 중국 양쯔 강 일부 유역에만 분포하며 우리나라에 특히 많이 살아 한국의 대표적인 야생동물로 볼 수 있다. 제주도에서는 살지 않는다.

영국과 프랑스의 일부 지역에 중국 아종이 사냥용으로 도입되어 살고 있다.

사는 곳과 생활

물억새가 무리 지어 자라는 강가처럼 물이 있는 땅을 좋아하며, 논밭 근처 낮은 산에도 많이 산다. 가파르고 바위가 많은 험한 산악 지대에서는 살지 않거나 수가 적다.

한배에 새끼를 2~6마리 낳으며 번식률이 높아 다른 사슴과 동물에 견주어 개체군이 빨리 회복되고 늘어난다.

❶ 고라니 서식지.
2006년 10월 경남 창녕 우포늪
❷ 고라니가 걸어간 발자국
❸ 고라니가 똥을 싼 후 걸어갔다. 2003년 5월 충남 서산

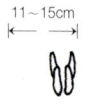

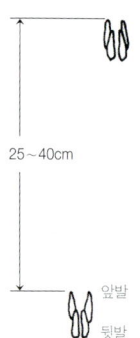

발자국

걸을 때 발굽이 두 개 찍혀 하나의 발자국을 이루는데, 발자국 모양은 다리미로 누른 듯이 길며 앞이 뾰족하다.

뛸 때는 며느리발톱이 함께 찍히며 발굽은 V자 모양으로 길고 넓게 벌어진다. 걸을 때에도 발굽이 자주 벌어지는데 앞발은 벌어지고 뒷발은 모아지는 경향이 있다.

노루의 발자국보다 고라니의 것이 좀 더 뾰족하고 길다.

❶ 고라니 뒷발.
❷ 고라니 앞발.
❸ 고라니가 걸은 발자국.
❹ 고라니가 뛴 발자국. 2000년 10월 경기도 안산 시화호
❺ 고라니가 달려간 발자국. 2003년 10월 전북 남원

오줌을 누는 고라니 암컷.
두 뒷다리 사이로 오줌이 떨어진다.

❶ 눈 위의 고라니 배설물과 발자국.
2003년 1월 전남 구례
❷ 고라니 똥.
2004년 4월 경기도 성남
❸ 수컷 고라니가 솔잎을 살짝 걷은 뒤 똥을 조금 누고 갔는데, 사향노루처럼 솔잎으로 덮지는 않았다.
2002년 2월 전북 김제

배설물

똥은 보통 검고 7~12mm 길이의 타원형이다. 물기 있는 먹이를 자주 먹는 습성 때문에 겨울에도 똥이 조금씩 일그러진 것이 많다.

똥자리는 따로 없고, 한 번에 50~400개의 똥을 눈다. 오줌에서는 계피 향이 난다. 수컷은 짝짓기 철인 겨울철에 적은 양(10~20개)의 똥을 솔잎 따위를 걷어 내고 자주 누곤 하는데, 똥을 덮어 가리지는 않는다.

먹이 흔적

풀을 잘라 먹지 않고 뜯어먹기 때문에 절단면이 거칠거나 수평이다. 나뭇가지 역시 씹어서 끊어 먹기 때문에 절단면이 거칠다.

고라니, 노루, 산양 같은 초식동물은 몸에 필요한 광물질을 섭취하고 여러 풀들의 독성을 해독하기 위해 특정 성분을 많이 포함하는 흙을 먹을 때가 많다.

영역 표시와 의사소통

수컷은 연필 굵기만 한 가는 나무줄기에 땅 위 50cm

❶ 숨어 있는 고라니 새끼. 태어나 며칠 안 된 새끼들은 냄새가 나지 않아 사냥개들도 찾지 못하고 지나친다.
2002년 6월 전남 구례
❷ 고라니가 뜯어먹은 콩잎.
2003년 9월 경남 함양

고라니 한 마리가 넝쿨의 마른 잎에 관심을 보이고 지나갔다.
2005년 12월 전북 남원

쯤 되는 높이에서부터 날카로운 송곳니로 긁어 거칠게 껍질을 벗겨 놓으며, 이때 날카로운 송곳니 자국이 남는다. 그러나 이러한 흔적은 작고 드물어 눈에 잘 띄지 않는다.

고라니가 송곳니로 긁어 놓은 나무와 그 확대 사진. 날카로운 송곳니에 긁히고 보푸라기가 일었다.
2004년 2월 경기도 성남

잠자리

양지바른 논밭이나 강가 근처에 찔레 덤불, 칡, 억새 따위에 가려지면서 시야가 어느 정도 트인 곳에 숨거나 잠자리를 마련한다. 체온이 높아서 낙엽 따위를 걷어 내고 맨땅에서 자는 수가 많다. 잠자리에는 보통 털이 떨어져 있다.

❶ 잠자리에서 일어난 고라니. 누운 자리에 흙이 드러나 있다. 2002년 11월 전남 구례
❷ 사슴과의 동물은 짝짓기 철에 발로 낙엽을 헤쳐서 드러낸 50~100cm 정도의 맨땅에 발에서 나온 분비물을 묻혀 자신의 영역임을 표시하곤 한다. 이러한 흔적은 누운 몸에 의해 흙이 다져 있는 잠자리와 다르다. 2005년 12월 전북 남원

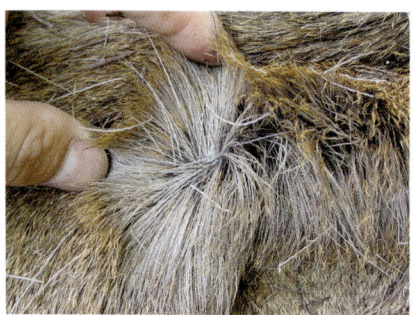 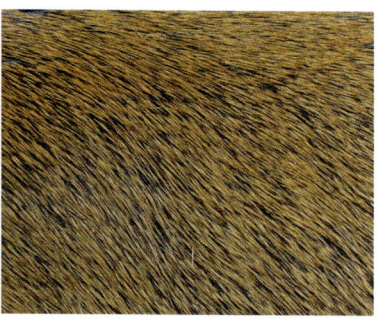

겨울철 고라니의 털(왼쪽)은 빨대처럼 속이 비어 있고 쉽게 부러진다. 고라니의 여름털(오른쪽)은 겨울털에 견주어 느낌은 비슷하지만 조금 가늘고 짧다.

털

털은 구불구불한 직선이며 쉽게 꺾이고 부러지며 속이 비어 있다. 겨울털은 노루의 것과 형태와 색이 비슷하지만 고라니의 털이 좀 더 두껍다.

모근 부분은 흰색이며 끝으로 갈수록 검은색을 띠다가 끝에는 흰색과 갈색이 엇갈리는 것이 많다. 여름털은 겨울털과 모양과 색깔은 비슷한데 보다 누렇고 조금 가늘고 짧다.

꽃사슴 (사슴, 대륙사슴) *Cervus nippon*

분류 우제목 사슴과
영명 sika deer
몸무게 수컷 90~130kg,
       암컷 60~100kg
먹이 풀, 나뭇잎, 싹, 어린 가지,
     도토리

2006년 6월 일본 홋카이도

수컷에게만 뿔이 있으며 해마다 뿔이 빠지고 새로 난다. 다 자란 뿔은 보통 가지가 네 갈래로 나 있다. 중형의 사슴으로서 노루보다 크고 누렁이보다 훨씬 작다. 엉덩이는 희며, 여름에는 황갈색 몸에 하얀 반점이 있지만, 겨울에는 흰 반점이 거의 사라지고 진한 밤갈색으로 바뀐다.

제주도를 포함하여 한반도 전체에 분포했으나 남한에서는 일제 강점기 이후 사라졌다. 사슴과 동물 중 일본에는 오직 이 한 종만이 서식한다. 동아시아를 대표하는 사슴이지만 현재는 미국, 유럽, 호주 등 전 세계적으로 도입되어 서식하고 있다. 예전엔 그냥 '사슴'이라 불렀다. '대륙사슴'은 섬나라인 일본의 시각에서 붙인 이름이다.

사는 곳과 생활

험한 바위산에서는 볼 수 없으며, 숲과 풀밭이 어우러진 경계를 중심으로 산다. 겨울에는 양지로 옮겨가며, 봄 가을에는 나무가 적은 곳에 살며, 여름에는 나무 그늘이 많은 데서 산다. 9~10월에 짝짓기를 하고, 5~7월에 새끼를 보통 한 마리 낳으며, 늦봄에 뿔이 빠지고 새로 돋는

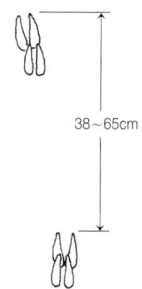

꽃사슴이 걸어간 발자국

꽃사슴 암컷.
2006년 6월 일본 홋카이도

다. 암컷이 새끼를 기르는 봄과 여름을 빼고는 10마리 안팎의 무리를 짓는다. 숲의 식생에 많은 영향을 주며, 호랑이, 표범, 늑대의 대표적인 먹이동물이다.

발자국

꽃사슴이 많이 사는 숲에서는 꽃사슴이 뜯어먹고 발굽으로 밟아 긴 풀과 떨기나무가 제대로 자라지 못한다.
2005년 7월 러시아 연해주 라조 보호구역

걸을 때 발굽 두 개가 찍혀 하나의 발자국을 이루는데, 발자국 모양은 길고 앞으로 뾰족하게 모아진다. 뛸 때 며느리발톱이 함께 찍히며 발굽은 V자 모양으로 길고 넓게 벌어진다.

뿔질

수컷은 지름 5cm 안팎인 나무줄기에 땅 위 40cm쯤 되는 높이에서부터 뿔로 비벼 두 뼘쯤 껍질을 벗겨놓는다. 이러한 행동은 나무껍질을 먹기 위한 목적과는 관련 없이 영역 확보나 의사소통과 관련이 깊다.

❶ 꽃사슴의 발굽. 2005년 8월 일본 홋카이도
❷ 꽃사슴 발자국. 2005년 7월 러시아 연해주 라조 보호구역
❸ 꽃사슴이 걸어간 발자국. 2005년 7월 러시아 연해주 라조 보호구역

❹ 수컷 꽃사슴이 뿔로 비빈 나무. 주로 활엽수에 비비는 습성은 노루와 같지만 꽃사슴은 노루보다 큰 나무를 선택한다. 2001년 11월 러시아 연해주 시호테알린 보호구역
❺ 꽃사슴이 뿔질한 나무. 2006년 6월 일본 홋카이도

꽃사슴·노루·누렁이·산양·염소의 서로 다른 뿔질 흔적

꽃사슴, 노루, 누렁이, 산양, 염소는 모두 뿔을 나무에 비벼 영역을 표시하고 의사소통을 하는, 이른바 뿔질을 하는데, 각 동물에 따라 뿔질 자국이 서로 다르다.

- 다른 뿔 달린 동물들과 달리 노루는 뿔 아래 부분에 단단한 돌기들이 많아 노루가 뿔질한 나무에는 흔히 돌기에 긁힌 자국이 남는다.
- 산양, 염소, 노루는 사람 손가락 굵기의 가는 나무에 뿔을 비비지만, 꽃사슴과 누렁이는 지름 5cm 안팎의 굵은 나무에 비비는 일이 많다.
- 산양과 염소는 암수 모두 뿔이 있으므로 암수 모두 뿔질을 하며, 비빈 나무의 모양으로는 어느 종이 뿔질한 것인지 알기 어렵다. 따라서 나무껍질이나 땅바닥에 흑염소의 검은 털이 남아 있는지 확인해야 한다.
- 누렁이는 침엽수에 주로 뿔질을 하며, 다른 종들은 주로 활엽수에 한다.
- 남한 지역에서 뿔질 흔적이 있는 나무를 본다면 깊은 산에서는 노루 또는 산양이 했을 가능성이 큰데, 산양은 백두대간의 중부 이북에서만 산다는 점을 기억해야 한다.

❶ 꽃사슴.
❷ 노루 뿔.
❸ 노루.
❹❺ 노루 뿔의 돌기에 긁힌 흔적과 그 확대 사진. 2003년 8월 지리산 악양 형제봉

고라니가 송곳니로 나무를 긁은 자국을 알아보는 방법

뿔 달린 동물들이 뿔을 날카롭게 유지하거나 영역 표시를 위해 나무에 뿔을 가는 것처럼, 뿔이 없는 고라니 수컷은 길게 밖으로 뻗은 송곳니로 나무를 긁는다. 이런 송곳니 자국은 다음과 같은 특징이 있다.

- 노루와 산양이 뿔로 비빈 자국은 땅바닥에서 30cm쯤 되는 높이에 남지만, 고라니는 적어도 40cm가 넘는 높이에 송곳니로 긁은 자국을 남긴다. 뿔로 비비려면 고개를 숙여야 하지만, 송곳니로 긁으려면 고개를 쳐들어야 하기 때문이다.
- 고라니가 송곳니로 긁은 자리는 날카로운 면도칼로 긁은 것처럼 보푸라기가 일어나 있다.
- 고라니가 송곳니로 긁는 나무는 대개 굵기가 연필보다 가늘거나 비슷해서 산양과 노루가 뿔로 비비는 나무보다 훨씬 가늘다.

❶ 고라니.
2004년 2월 강원도 철원
ⓒ 박형욱
❷ 고라니 수컷 두개골. 고라니와 사향노루 수컷의 긴 송곳니는 먹이 활동보다는 수컷끼리의 격렬한 싸움을 위한 것이다.
2004년 8월 경기 광주
❸ 노루가 뿔질한 나무.
2006년 10월 경남 창녕
❹ 고라니가 송곳니로 나무를 긁은 자국.
2005년 1월 전남 구례

사슴과 동물들의 다양한 똥 모양

꽃사슴, 노루, 고라니 같은 되새김동물의 똥은 모양이 매우 다양하다. 하지만 물기가 많은 먹이를 먹을수록 똥 모양이 일정하지 않고 일그러지는데 ①처럼 납작하게 뭉쳐지기도 하며, 먹이가 마른 것일수록 똥들이 잘 떨어지고 모양을 갖춰 ④같이 된다.

❶❷❸❹ 꽃사슴 똥.
2005년 7월 러시아 연해주 라조 보호구역

❺ 가축 사료를 일부 먹은 고라니의 똥.
2002년 9월 전남 구례
❻ 장마철에 젖은 풀을 먹은 고라니의 똥.
2005년 7월 전남 구례

계절에 따른 노루 똥의 차이(방금 눈 똥의 경우)

(왼쪽) 겨울철 나뭇가지나 마른 풀을 먹은 노루의 똥.
2001년 1월 지리산 문수리
(오른쪽) 여름철 푸른 풀을 먹은 노루의 똥.
2004년 7월 제주도 물영아리

고라니 똥의 시간별 변화(반 그늘 상태)

(왼쪽) 배설 직후의 똥.
2002년 10월 전남 구례
(오른쪽) 11일 지난 뒤의 똥.
2002년 10월 전남 구례

누렁이 (말사슴, 붉은사슴, 백두산사슴) *Cervus elaphus*

분류 우제목 사슴과
영명 red deer, elk
몸무게 수컷 180~400kg,
     암컷 150kg 안팎
먹이 풀, 나뭇잎, 싹, 어린 가지,
     도토리 따위

한 살 난 누렁이 수컷. 2004년 3월 몽골 몽고모리트

'누렁이'는 북한에서 부르는 이름이다. '말사슴'은 중국 이름을, '붉은사슴'은 영문 이름을 번역한 것이다. 수컷에게만 뿔이 있으며 해마다 뿔이 빠지고 새로 나며 다 자란 뿔은 가지가 보통 대여섯 갈래로 갈라진다. 우리나라 초식 동물 가운데 가장 크다. 꽃사슴과 달리 엉덩이는 황갈색이며, 여름에도 몸에 하얀 반점이 없다. 추운 곳에 적응하여 사는 종으로서 유럽, 아시아, 북미 등 북반구의 중위도 이상에 서식한다. 남한에는 살지 않으며 북한에서는 백두산 근처에 산다. 일본에는 분포하지 않는다.

새벽녘 앞이 탁 트인 너른 풀밭 가운데에서 무리를 지어 먹이를 먹는 누렁이들. 짝짓기 철이어서 수컷을 중심으로 하는 두 무리로 나뉘어 있다. 이때가 끝나면 암컷은 각자 흩어지거나 적은 무리로 나뉘며 수컷만 따로 모여 무리를 짓기도 한다. 꽃사슴도 비슷한 습성이 있다. 2001년 11월 러시아 연해주 시호테알린 보호구역

❶ 누렁이 발자국.
1999년 5월 중국 헤이룽장 성
❷ 누렁이 발자국. 다 큰 멧돼지 발자국과 크기가 비슷하다.
2001년 11월 러시아 연해주 시호테알린 보호구역

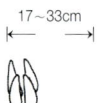

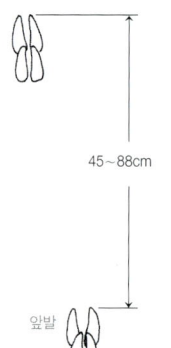

누렁이가 걸어간 발자국

사는 곳과 생활

험한 바위산에서는 볼 수 없으며, 겨울에는 눈이 적은 곳으로 계속 옮겨가고, 봄에는 새싹이 먼저 돋는 곳으로 옮겨간다. 꽃사슴보다 넓은 풀밭을 좋아하지만 꽃사슴만큼 무리를 크게 짓지는 않는다.

봄에 뿔이 빠지고 새로 돋아 7~9월에 뿔 껍질이 벗겨져 뿔이 다 자란 다음 짝짓기에 들어간다. 곧 9~10월에 짝짓기를 하고, 이듬해 5~6월에 새끼를 1~2마리 낳는다. 호랑이, 늑대, 불곰이 천적이다.

발자국

걸을 때 발굽 두 개가 찍혀 하나의 발자국을 이루는데, 발자국이 매우 커서 다 큰 수컷 멧돼지의 발자국만 하다. 뛸 때 며느리발톱이 함께 찍히며 발굽은 V자 모양으로 길고 넓게 벌어진다.

배설물

먹이의 상태에 따라 똥의 모양과 색깔이 여러 가지다. 우리나라 되새김동물의 똥 가운데 가장 크다. 똥자리는 따로 없다.

❶ 누렁이 똥.
1999년 5월 중국 헤이룽장 성
❷ 누렁이 수컷의 똥은 대추만큼 크다.
2001년 11월 러시아 연해주 시호테알린 보호구역
❸ 누렁이가 뿔을 자주 비벼 높이 자라지 못하고 옆으로 가지가 많이 뻗은 잣나무. 누렁이는 노루나 꽃사슴과 달리 주로 침엽수에 뿔을 비빈다.
2001년 11월 러시아 연해주 시호테알린 보호구역
❹ 호랑이에게 잡아먹힌 누렁이 사체.
2001년 11월 러시아 연해주 시호테알린 보호구역

노루 *Capreolus pygargus*

분류 우제목 사슴과
영명 Siberian roe deer, eastern roe deer
몸무게 20~50kg
먹이 나뭇잎, 싹, 어린 가지, 풀, 도토리 따위

2003년 9월 경기도 과천 서울대공원

수컷에게만 뿔이 있으며 해마다 뿔이 빠지고 새로 난다. 다 자란 뿔은 보통 세 갈래의 가지가 있다.

유럽에 널리 분포하는 유럽노루(*C. capreolus*)와 아시아 북부에 분포하는 시베리아노루(*C. pygargus*) 2종이 있으며 일본에는 살지 않는다.

사는 곳과 생활

풀밭과 숲의 경계 지역을 좋아하지만, 고라니보다는 숲 안쪽에 살며, 깊은 산에서는 평평한 지형을 좋아한다.
7~10월에 짝짓기를 하고, 5~7월에 보통 새끼를 2마리 낳으며, 유제류 가운데 유일하게 착상 지연을 한다. 이로 인해 봄과 여름에 뿔이 떨어지고 새로 돋는 사슴과 달리 노루는 늦가을에 뿔이 빠지고 겨울부터 봄까지 뿔이 자란다. 이는 짝짓기 철인 여름철에 최상의 뿔 상태를 유지할 수 있기 위해서이다.

독특한 짖는 소리는 뿔질을 한 나무와 함께 노루의 서식 여부를 알 수 있는 특징이며, 노루는 여러 가지 불안한 상황에 반응하여 어스름 녘에 주로 짖는다. 고라니도

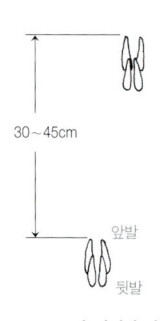

노루가 걸어간 발자국

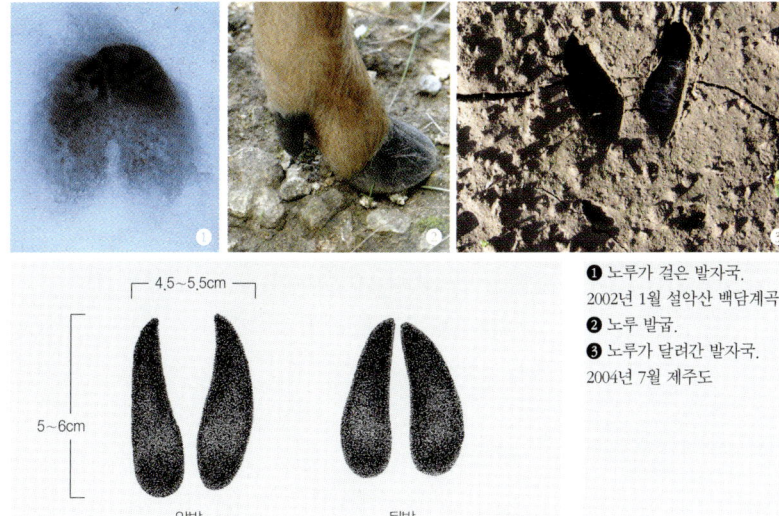

❶ 노루가 걸은 발자국. 2002년 1월 설악산 백담계곡
❷ 노루 발굽.
❸ 노루가 달려간 발자국. 2004년 7월 제주도

앞발   뒷발

도 짖지만 노루는 짖는 소리가 훨씬 개에 가깝다.

발자국

걸을 때 발굽 두 개가 찍혀 하나의 발자국을 이루는데, 발자국은 하트 모양이며 앞이 뾰족하다. 고라니 발자국보다 너비가 넓고 세로 길이는 짧으며 앞이 덜 뾰족하다.

뛸 때 며느리발톱이 함께 찍히며 발굽은 V자 모양으로 길고 넓게 벌어진다.

걸어가면서 눈 똥들. 노루는 때와 장소를 가리지 않고 똥을 싼다. 2000년 12월 설악산 흑선동계곡

방금 눈 노루 똥. 똥 표면의 윤기 있는 막이 비나 눈을 한 번도 맞지 않았다는 것을 말해 준다. 나뭇가지, 낙엽 같은 마른 먹이를 많이 먹은 노루의 전형적인 겨울철 똥 모양을 하고 있다. 겨울에도 푸른 풀을 먹으면 똥이 검지만 마른 잎과 나뭇가지를 먹으면 사진처럼 진한 갈색을 띤다. 2001년 1월 지리산 문수리

배설물

겨울철의 똥은 보통 검고 길이 9~16mm의 타원형이며 한쪽 끝이 뾰족하고 한쪽은 평평한 총알 모양이 많다. 한 번에 20~300개를 눈다. 여름철에는 물을 많이 포함하거나 젖어 있는 먹이를 많이 먹게 되므로 똥 모양이 일정치 않고 일그러져 있거나 서로 뭉치는 경우가 많다.

똥자리는 따로 없으며, 걸어가다가도 눈다. 오줌에서 계피 냄새가 난다.

먹이 흔적

풀을 잘라 먹지 않고 뜯어 먹어 절단면이 거칠거나 수평이다. 나뭇가지도 씹거나 끊어 먹으므로 절단면이 거칠다.

겨울철 눈을 앞발로 헤치고 먹이를 찾아내어 쟁반 크기의 맨땅이 드러난 흔적을 볼 수 있다.

노루가 싸닥나무 가지 끝의 겨울눈을 모두 잘라 먹었다. 줄기가 꺾인 이 나무는 더 높이 자라지 못하여 이듬해에도 노루의 먹이와 은신처가 되는 데 적합한 높이를 유지하게 된다. 2005년 3월 강원도 화천 해산

산양과 노루가 좋아하는 당단풍나무의 마른 잎이 아래로 처져 있다. 눈이 쌓이면 키가 안 닿아 먹을 수 없었던 먹이를 먹을 수가 있다. 눈이 쌓여 산양과 노루 등의 키가 커지기도 하지만 나무가 눈에 눌려 처지거나 꺾이기도 한다.
2001년 2월 설악산 백담계곡

❶ 꽃사슴, 노루, 고라니 같은 사슴과 동물은 앞다리로 눈을 파헤쳐 먹이를 구하는 능력이 뛰어나며 깊은 눈 속의 도토리 냄새도 맡을 수 있다. 하지만 수컷이 낙엽이나 눈을 걷어 낸 뒤 맨땅에 발에서 나오는 분비물을 묻혀 영역을 표시하는 행동을 많이 하는데, 이때의 흔적과 비슷하다. 사진은 먹이를 찾은 흔적으로, 한쪽으로 땅이 파헤쳐 있다. 짝짓기를 위한 수컷의 영역 표시 흔적은 보통 낙엽이나 눈이 세로 1m, 가로 50cm쯤 사방으로 파헤쳐 있다. 또 땅은 그다지 파이지 않고 발자국이 많이 남는다. 노루는 다른 사슴과 동물과 달리 여름에 짝짓기를 한다.
2000년 12월 설악산 대승골
❷ 노루가 먹은 춘란.
2003년 4월 지리산 성삼재
❸ 노루가 먹은 생강나무 가지.
2005년 3월 강원도 화천 해산

❶ 노루는 낙엽 위에 잠자리를 만들기도 하지만 대개 맨땅에 누워 체온을 식히는 것을 좋아한다. 낙엽 아래의 먹이를 찾은 흔적이나 짝짓기 철 수컷이 남기는 흔적과 비슷하지만, 잠자리 흔적은 표면이 몸에 눌려 다져 있다는 점에서 다르다.
2003년 4월 경북 백암산
❷ 노루 잠자리.
2002년 6월 강원도 삼척 가곡

잠자리

작은 산등성이 위의 기울기가 완만해지는 데서 조용하고 앞이 잘 내다보이는 곳을 잠자리로 하며, 여러 자리가 모여 있기도 하는데 같은 날 한 장소 안의 잠자리 수를 통해 무리의 수를 알 수 있다.

체온이 높아 낙엽 따위를 걷어 내고 맨땅에서 주로 자지만, 낙엽이나 풀 위에서 자기도 한다. 잠자리에는 흔히 털이 떨어져 있다.

뿔질

노루가 나무에 뿔질을 한 흔적은 고라니와 노루의 서

나무에 뿔질을 하는 노루.

식 여부를 구분할 수 있는 가장 확실한 방법이다. 다만 주변 환경과 뿔질을 한 나무에 끼어 있는 얼굴 털의 색을 보고 산양이나 염소의 것과 구분해야 한다.

수컷은 지팡이 굵기만 한 나무줄기에 땅 위 30cm쯤 되는 높이에서부터 뿔로 비벼 한 뼘쯤 껍질을 벗겨 놓는다.

나무껍질이 벗겨진 자리에는 뿔에 난 돌기로 거칠게 상처를 낸 부분이 있다. 또 나무껍질을 벗긴 지 오래되지 않은 자리에는 붉은색의 짧은 얼굴 털이 있는 경우가 많다. 뿔로 비비는 나무는 대부분 활엽수다(204쪽 '꽃사슴·노루·누렁이·산양·염소의 서로 다른 뿔질 흔적' 참조).

털

겨울털은 구불구불하며 쉽게 꺾이

노루가 뿔로 비빈 나무. 뿔질은 영역 표시와 의사소통의 의미 말고도 나무가 더디 자라게 하고 곁가지가 많이 생기게 해서 은신처와 먹이를 얻는 데 유리한 역할을 한다. 2006년 10월 경남 창녕

고 부러진다. 모근 부분은 흰색이고 갈수록 검은색을 띠다가 흰색과 갈색이 엇갈리며 끝나는 것이 많다. 겨울철 노루의 털은 고라니의 털과 비슷한데 노루 털이 좀 더 가늘다.

하지만 여름에는 소털처럼 붉고 가늘고 곧은 털로 바뀐다. 반면 이때 고라니는 황토색 또는 겨울철 털빛을 유지하고 있어 털의 색과 재질을 통해 노루 혹은 고라니인지를 알아낼 수 있다.

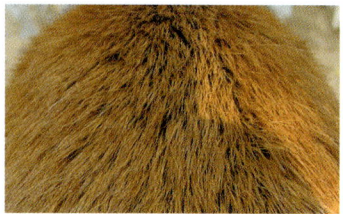 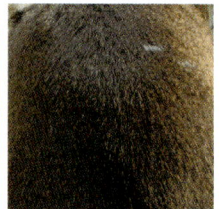

노루 여름털(왼쪽). 소털처럼 붉고 가늘다.
노루 겨울털(오른쪽). 고라니의 털처럼 짙은 갈색에 굵고 쉽게 부러진다.

사향노루 *Moschus moschiferus*

분류 우제목 사향노루과
영명 Siberian musk deer
몸무게 8~18kg
먹이 지의류, 겨우살이, 나뭇잎, 싹, 어린 가지

사향노루 암컷.
2004년 3월 몽골 가초르트

암수 모두 뿔이 없으며 수컷은 날카로운 송곳니가 길게 밖으로 나와 있다. 털빛은 검은색에 가까우며, 목에 흰색의 굵은 세로줄이 두 줄 있다.

수컷은 짝짓기 철인 초겨울에 배꼽 근처에 사향선이 발달한다. 사람들이 사향을 노리고 마구 잡아 사향노루가 사라질 위험에 놓여 있다.

사향노루는 아시아 동부에만 분포하며 4~6종으로 분류된다. 우리나라에 사는 종은 러시아, 카자흐스탄, 키르키즈스탄, 중국 동북부, 몽골, 한국에 분포한다. 일본에는 살지 않는다.

사는 곳과 생활

높은 산 바위 지대와 침엽수림이 섞인 곳에 주로 살며, 산양에 견주어 바위 지대의 아래쪽을 좋아한다. 발달한 발굽과 뒷다리로 몸무게를 잘 분산시키므로 눈이 많이 쌓인 데서도 깊이 빠지지 않고 잘 견딘다.

며느리발톱이 잘 발달하여 가로누운 나뭇가지에 올라서서 겨우살이와 지의류를 먹기도 한다.

❶ 과거 사향노루가 살던 곳. 2001년 4월 지리산 만복대
❷ 사향노루가 순찰을 도는 바위 처마. 반면에 산양은 이처럼 휑하고 크기가 작은 바위 처마에는 그리 관심을 보이지 않는다.
 2005년 2월 중국 헤이룽장 성
❸ 사향노루와 산양이 함께 이용하는 바위 처마. 사향노루는 주로 바위 처마 아래에서 쉬고 똥을 누는데, 눈이 오고 나면 행동권 안의 이런 바위 처마들을 모두 살피고 돌아다닌 발자국들을 볼 수 있다.
2005년 2월 중국 헤이룽장 성
❹ 사향노루 앞발 옆모습.
❺ 사향노루 뒷발 뒷모습.

무리를 짓지 않고 혼자 조용히 사는 것을 선호하며, 경계심이 매우 강하고, 담비와 스라소니가 주된 천적이다.

발자국

발 뒷부분의 며느리발톱이 길어서 걸을 때에도 두 개의 발굽과 함께 찍혀 네 개의 발굽 자국을 흔히 남긴다.

노루나 고라니와 달리 발굽 두 개는 걸은 때에도 앞으로 뾰족하게 모아지지 않고 V자 모양으로 벌어질 때

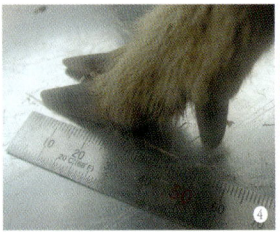

사향노루·우제목 219

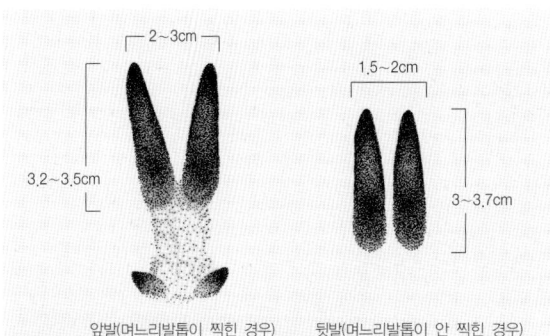

앞발(며느리발톱이 찍힌 경우)   뒷발(며느리발톱이 안 찍힌 경우)

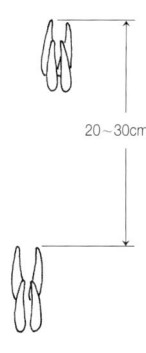

20~30cm

앞발
뒷발

사향노루가 걸어간 발자국

위 사진은 사향노루가 뛰어간 흔적. 네 발을 모두 한 번에 한 곳에 모아 뛰어오르기를 거듭한다. 이렇게 함으로써 몸무게를 효과적으로 분산시켜 많이 쌓인 부드러운 눈에서도 깊이 빠지지 않고 쉽게 다닐 수 있다.
아래 사진은 눈 위에 남은 사향노루 수컷의 오줌 자국. 2005년 2월 중국 헤이룽장 성

❶ 사향노루 똥이 솔잎과 섞여 있다.
2001년 11월 러시아 연해주 시호테알린 보호구역
❷ 똥을 눈 뒤 덮기 위해 솔잎을 발로 긁어 맨땅이 드러나 있다. 사진을 찍으려고 똥을 덮은 솔잎을 걷어 내서 똥이 보이지만, 원래는 솔잎에 덮여 보이지 않았다.
2001년 11월 러시아 연해주 시호테알린 보호구역

가 많다. 또 고라니와 노루에 견주어 발굽이 작고 매우 좁다.

배설물

보통 검은색이고 길이 4~9mm의 타원형이다. 한 번에 100~300개의 똥을 눈다.

똥자리가 따로 있어서 계속 찾아간다. 똥을 누고 나서 솔잎 따위로 덮어 둔다. 대개 사향노루의 똥은 크기가 산양의 매우 어린 새끼의 것과 비슷하며, 하늘다람쥐의 똥보다는 크다. 그러므로 어느 종이 똥을 누었는지를 확실하게 알기 위해서는 놓여진 위치와 주변에 떨어진 털과 발자국을 함께 살펴보는 것이 중요하다.

사향노루가 좋아하는 나무 위의 지의류.
2001년 11월 러시아 연해주 시호테알린 보호구역

먹이 흔적

되새김질을 하는 다른 동물처럼 나뭇잎과 나뭇가지를 씹거나 끊어 먹으므로 절단면이 거칠다. 나무 위의 지의류나 겨우살이를 즐겨 먹고, 풀보다는 나무의 잎, 싹, 잔가지를 좋아한다.

털

털은 구불구불하며 쉽게 꺾이고 부러진다. 고라니의 털과 같은 재질이다. 모근 부분은 흰색이며 끝으로 갈수록 점점 진해져서 검은색으로 끝나는 것이 많다. 하지만 제주도의 일부 노루는 겨울철 털빛이 잿빛으로 사향노루와 유사한 털들을 떨어뜨린다.

산양 똥 위의 사향노루 털. 산양과 사향노루는 때로 같은 곳에서 생활한다. 산양은 새끼를 주로 5월과 6월에 낳는다. 태어난 뒤 1개월쯤 되기까지 새끼가 눈 똥은 어미가 모두 먹어 흔적을 없앤다. 따라서 8월이 되어야 모든 새끼들의 똥을 눈으로 확인할 수 있으며, 이 시기에 새끼 산양의 똥은 크기와 모양이 다 자란 사향노루의 것과 매우 비슷하므로, 가까이에 어미 산양의 배설물이 있는지 여부와 몸에서 빠진 털 따위를 확인하여 종을 확인해야 한다. 하지만 10월이 되면 어린 산양의 똥은 사향노루의 것보다 훨씬 커지기 때문에 혼동할 일이 줄어든다.
2005년 2월 중국 헤이룽장 성

산양 *Nemorhaedus caudatus*

분류 우제목 소과
영명 Korean goral, Amur goral, long-tailed goral
몸무게 30~45kg
먹이 풀, 나뭇잎, 싹, 어린 가지

1년생 산양 새끼.
2005년 2월 오대산

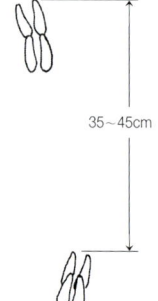

35~45cm

앞발
뒷발

산양이 걸어간 발자국

암수 모두 뿔이 있으며 빠지지 않고 해마다 조금씩 자란다. 꼬리가 제법 길어서 발뒤꿈치까지 내려온다.

국제적 멸종 위기 종으로서 3종이 동아시아를 중심으로 분포한다. 우리나라의 산양은 연해주와 만주의 일부 지역에도 산다.

사는 곳과 생활

강원도와 경상북도의 바위가 많은 험한 산악 지대에 주로 살고 있다. 앞이 탁 트이고 조용한 바위 절벽을 중심으로 생활하며, 축축한 곳보다는 마른 곳을 좋아한다. 겨울에 폭설이 내리면 굶어 죽는 일이 꽤 있지만, 주로 사는 곳이 몹시 춥고 눈이 많이 내리는 지역이다.

늦가을에 짝짓기를 하고 5월쯤에 새끼를 한 마리 낳는다. 어미와 새끼가 함께 지내며, 수컷은 단독생활을 기본으로 한다. 수컷 한 마리의 영역에 여러 암컷이 생활하지만 암컷들의 영역은 서로 배타적이다(Myslenkov & Voloshina, 1989).

발자국

걸을 때 두 개의 발굽이 찍히는데, 발굽 두 개가 나란하거나 V자를 이룬다. 뛰거나 눈 위를 걸을 때는 며느리발톱이 같이 찍힌다. 발굽의 윤곽이 노루나 고라니의 것에 비해 날카롭지 않고 부드럽다.

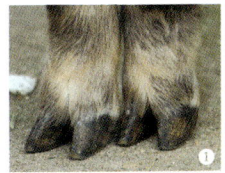
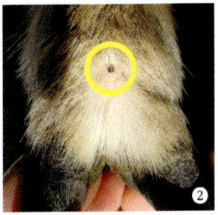

❶ 산양 발굽.
❷ 유제류의 발굽이 갈라지는 곳에는 분비샘이 있다. 이 분비샘을 통해 발자국에 자신의 냄새를 남긴다.

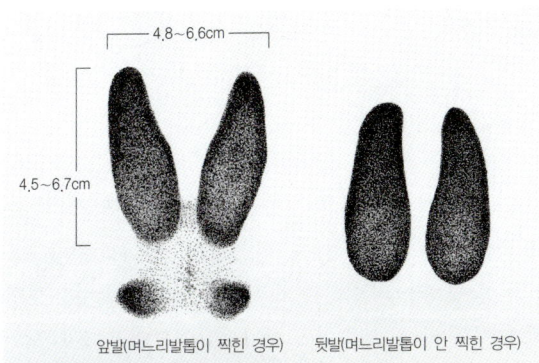

앞발(며느리발톱이 찍힌 경우)   뒷발(며느리발톱이 안 찍힌 경우)

❸ 산양이 걸어간 발걸음. 산양의 발자국 크기는 노루의 것보다 크고 멧돼지의 것보다 훨씬 작다. 2005년 3월 설악산 가리봉 ❹ 산양이 걸어간 발자국이 바위 절벽 아래로 이어져 있다. 2005년 3월 설악산 가리봉

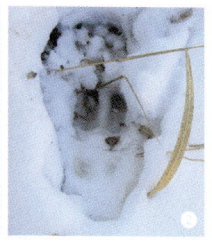

❶ 산양 발자국. 발굽 두 개가 나란히 찍히기도 하고 V자로 벌어져 찍히기도 한다.
2005년 3월 설악산 가리봉
❷ 눈이 많이 쌓인 때는 며느리발톱이 함께 찍힌다.
2002년 1월 설악산 독주골

발자국은 길이 4.5~6.7cm(평균 5.6cm), 너비 4.8~6.6cm(평균 5.1cm)이다(양병국, 2002).

배설물

눈이 많이 쌓인 곳을 지나간 산양 발걸음.
2005년 3월 설악산 가리봉

색깔은 검고 보통 10~20mm 길이의 타원형이며 양쪽 끝이 둥근 모양이 많다. 한 번에 100~400개의 똥을 눈다. 물기가 많은 먹이를 자주 먹는 여름철에는 똥 모양이 일정치 않다. 똥자리가 따로 있어서 계속 찾아간다. 똥자리는 앞이 탁 트이고 바람이 잘 통하는 곳이나 바위 처마 아래에 있다. 이러한 곳은 건조하고 통풍이 잘 되어서 수년 동안의 똥이 썩지 않고 쌓여 있게 된다. 이런 똥자리를 보고 산양이 이 근방에서 예전부터 살고 있는 것임을 추측할 수 있다.

똥자리에서 똥을 누고 있는 산양.

❶ 사람이 드문 백두대간 근처 산등성이의 바위가 많은 곳에서는 이따금 산양이 눈 똥 무더기를 찾을 수 있다.
2005년 3월 설악산 가리봉
❷ 겨울철 산양 똥은 흔히 길쭉한 타원형이다.
2001년 2월 설악산 가는골
❸ 산양의 서식 흔적은 똥자리에 수북하게 쌓인 똥으로 가장 쉽게 알 수 있다. 하지만 똥자리의 크기가 작거나 한 차례만 배설한 경우 노루 똥과 헷갈릴 수 있고, 마을과 가까울 때는 염소 똥일 수도 있으므로 똥 주변과 잠자리에서 털을 찾아 확인해 보는 것이 좋다. 2005년 3월 설악산 가리봉

❶ 산양이 뜯어 먹은 풀. 산양은 나무보다는 풀을 좋아한다. 2001년 10월 설악산 가는골
❷ 산양이 뜯어 먹은 소나무 잔가지. 겨울철에 먹이가 부족할 때는 솔잎을 뜯어 먹기도 한다. 지난 겨울 뜯어 먹은 가지 끝에 새잎이 나고 있다. 2001년 6월 설악산 가는골

먹이 흔적

풀을 잘라 먹지 않고 뜯어 먹기 때문에 절단면이 거칠거나 수평이다. 나뭇가지 역시 씹거나 끊어 먹기 때문에 절단면이 거칠다. 노루에 견주어 앞발로 눈을 헤치고 먹이를 찾아 먹는 능력이 떨어진다.

❸ 산양은 깊은 바위 굴에는 들어가지 않고, 아늑하고 전망이 좋은 바위 처마를 좋아한다. 2001년 2월 설악산 가는골
❹ 산양은 추위에 매우 강해서 겨울에도 눈 위에 누워 있거나 낙엽을 걷고 맨땅에서 쉬기도 한다. 2002년 1월 설악산 십이선녀탕계곡

잠자리

가파르고 바위가 많으며 탁 트여 앞이 잘 보이는 산등성 위 또는 바위 처마 아래의 조용한 곳에서 잔다. 낙엽이 없는 맨땅이나 눈 위에서 자며, 똥자리가 크면 똥더미 위에서 자기도 한다. 잠자리에는 흔히 털이 떨어져 있다.

산양이나 노루가 뿔질로 작은 나무의 껍질을 벗겨 놓은 것은 영역 확보와 상호 의사소통을 위한 것으로 먹이 활동과는 관계없는 경우가 많다.

뿔질

암수 모두 지팡이 굵기만 한 나무줄기에 땅 위 30cm 쯤 되는 높이에서부터 뿔로 비벼 한 뼘쯤 껍질을 벗겨 놓는다. 산양이 벗겨 놓은 나무껍질 부분이 노루가 뿔로 비빈 자국에 견주어 매끄러운 편이다.

뿔질을 한 지 오래되지 않은 흔적에는 밤색 또는 검은색의 짧은 얼굴 털이 있는 수가 많다. 뿔질로 영역을 표시하고 의사소통을 한다.

털

털은 나일론 실 같은 느낌이며 길고 가늘고 매끄러우며 약간 고불거린다. 털 길이는 5~10cm를 넘는 것이 많다. 꼬리털이 길어서 20cm가 넘는다. 색깔은 흰색, 검은색, 갈색이 섞여 있다.

부러진 나뭇가지 끝에 산양의 가늘고 고불고불한 속털이 껴서 빠지는 수가 많다.

산양이 뿔질한 자국. 2003년 1월 경북 백암산

❶ 산양의 똥자리와 잠자리, 길목의 꺾인 나뭇가지 끝을 잘 살펴보면 산양 털을 찾을 수 있다.
2003년 1월 경북 백암산
❷ 나뭇가지 끝에 낀 산양 털. 2002년 6월 강원도 삼척 가곡

염소와 산양의 차이

바위가 많은 험한 산악지역의 주민이나 등산객들로부터 가끔 산에서 산양을 보았다는 목격담을 듣지만 종종 가축인 염소가 야생화된 것을 혼동하여 그러는 경우가 있다. 집에서 기르는 오늘날의 염소(*Capra hircus*)는 서아시아 지역의 베조아르 염소(bezoar goat, *Capra aegagrus*)로부터 기원되었으며(Takada et al., 1997), 우리나라의 강원도와 경북지역에서 서식하는 산양(*Nemorhaedus caudatus*)은 동아시아에만 분포하는 전혀 다른 야생동물이다.

하지만 우리나라에서 가축으로 기르는 흑염소를 '재래 산양'이라고도 부르며, 염소 젖으로 만든 분유를 '산양분유'라고 하는 등의 용어상 혼동이 있다.

외형적으로 염소는 납작한 뿔이 뒤틀리며 성장하지만, 산양의 뿔은 길이 20cm 이내의 원뿔 모양으로 곧은 곡선으로 자라난다. 또한 우리나라의 흑염소는 턱에 수염이 있으며 몸 전체가 검은 털로 덮여 있지만, 산양은 턱에 수염이 없고 갈색, 검은색, 회색, 흰색 털이 부위별로 존재한다. 발자국, 나무의 뿔질, 똥자리 등의 모습은 산양과 염소가 매우 유사하여 반드시 털을 함께 조사하여 흑염소의 흔적이 맞는지 확인해야 한다. 또한 흑염소는 잠자리 등에 똥을 수북이 배설하여 똥자리처럼 만들기도 하지만 기본적으로 아무 곳에나 흘리듯 배설한다. 또한 나무의 껍질을 벗겨먹는 습성이 산양에 비해 강하다. 한편 산양은 젖꼭지가 4개인 반면 염소는 2개의 젖꼭지를 가지고 있다.

산양의 뿔

염소의 뿔

염소 *Capra hircus*

분류 우제목 소과
영명 domestic goat
몸무게 50~90kg
먹이 풀, 나뭇잎, 싹, 어린 가지, 나무껍질

2006년 6월 전남 구례

 가축이지만 밖에 놓아기르거나 일부에선 야생화되기도 했다. 온몸이 검은 털로 덮여 있으며, 턱에 수염이 있다. 뿔은 산양처럼 암수 모두 있으며 빠지지 않고 해마다 조금씩 자라나지만 뿔이 없는 개체도 있다.
 고양이처럼 야생으로의 복귀 성향이 강한 가축으로서, 야생동물에게 전염병을 옮기거나, 먹성이 좋아 나무껍질까지 먹으므로 식생에 피해를 줄 염려가 크다.

사는 곳과 생활

 바위가 많은 산에 살며, 특히 마을과 가까운 곳에 주로 산다. 깊은 산에 산림 도로를 낸 곳에서는 그 길을 따

2003년 4월 경북 울진

❶ 염소 발.
❷ 염소 발자국. 2006년 10월 경남 창녕 비티재

라 들어가 살곤 한다. 홀로 생활하기도 하지만 수가 많을 때에는 무리 지어 다닌다. 숲길 위에 똥이 어수선하게 떨어져 있고, 주위의 활엽수 줄기에 껍질을 갉아먹은 흔적이 있다면 염소가 살고 있을 가능성이 높다.

발자국

걸을 때 두 개의 발굽이 찍히는데, 발굽 두 개가 나란하거나 V자로 벌어진다. 뛰거나 눈 위를 걸을 때는 며느리발톱이 같이 찍힌다. 발굽 윤곽이 날카롭지 않고 부드럽다. 산양 발자국과 비슷하여 헷갈리기 쉽다.

배설물

검고 보통 10~20mm의 타원형이며 양쪽 끝이 둥근 모양이 많다. 한 번에 10~200개의 똥을 눈다. 똥자리가 따로 없이 아무 데나 배설하지만, 잠자리와 자주 쉬는 곳에는 수북하게 똥이 쌓이기도 한다. 염소가 사는 지역에 난 산림

염소는 산양과 비슷한 곳에 똥을 누기도 한다.
2005년 11월 경남 천성산

도로에서는 흩뿌려진 듯한 똥을 볼 수 있다.

염소 똥.
왼쪽은 2003년 6월 지리산 칠선계곡, 오른쪽은 2002년 12월 지리산 벽소령

털

검고, 곧고, 반듯하며, 윤기가 있다. 느낌이 사람 머리카락과 비슷하다. 털 길이는 5~10cm인 것이 많다.

잠자리

가파르고 바위가 많으며 시야가 좋은 산등성이 또는 바위 처마 아래에 있다. 사람이 사는 집들과 가까운 곳에

바위가 많은 산골짜기에서 발견된 염소.
2003년 6월 지리산 칠선계곡

❶ 염소 잠자리.
2005년 11월 경북 천성산
❷❸ 염소가 갉아먹은 나무들. 염소는 노루나 산양과 달리 나무껍질도 자주 갉아먹는데, 주로 껍질이 부드럽고 즙이 많은 활엽수를 갉아먹는다.
2000년 12월 강원도 화천
❹ 염소가 뜯어 먹은 조릿대 잎. 보통 야생화한 가축은 야생동물과 달리 생활하는 지역 안에 있는 먹이를 지속적으로 유지할 수 있는 습성을 갖추고 있지 못해 산림의 식생을 파괴시킬 우려가 있다.
2003년 6월 지리산 칠선계곡

있는 편이다. 잠자리에 떨어진 털을 확인하여 산양의 흔적과 헷갈리지 않도록 해야 한다.

먹이 흔적

풀을 잘라 먹지 않고 뜯어 먹으므로 절단면이 거칠거

❶❷ 염소가 뿔로 비빈 나무와 그 확대 사진. 산양이나 노루가 비빈 자국과 비슷하며 매우 매끄럽게 껍질이 벗겨져 있다. 2003년 3월 지리산 구룡계곡
❸ 2006년 10월 경남 창녕

나 수평이다. 나뭇가지 역시 씹거나 끊어 먹어 절단면이 거칠다. 산양과는 다르게 한 곳의 식물 군락을 모두 먹어 치우기도 하며 활엽수의 껍질을 자주 벗겨 먹는다.

뿔질

지팡이 굵기만 한 나무줄기에 땅 위 30cm쯤 되는 높이에서부터 뿔로 비벼 한 뼘쯤 껍질을 벗겨 놓는다. 나무 껍질이 벗겨진 부분은 산양이 뿔질을 한 자국보다 더욱 매끄럽다. 뿔질을 한 지 오래되지 않은 자리에는 검고 짧은 얼굴 털이 있는 수가 많다. 뿔질로 영역을 표시하고 의사소통을 한다.

멧돼지 *Sus scrofa*

분류 우제목 멧돼지과
영명 wild boar
몸무게 80~300kg
먹이 풀뿌리, 도토리, 칡, 풀잎, 곤충, 애벌레

2001년 1월 강원도 계방산

덩치가 크고 저돌적이지만 매우 예민한 감각을 이용해 사람과 천적의 접근을 피하는 능력이 뛰어나다. 수컷은 아래턱의 긴 송곳니가 밖으로 뻗어 있다. 잡식성이나 먹이의 대부분이 식물성이다. 아시아와 유럽에 널리 분포한다. 현재 우리나라의 대표적인 대형 야생동물로서, 요즘 마릿수가 늘어나면서 농작물 피해가 늘고 있다.

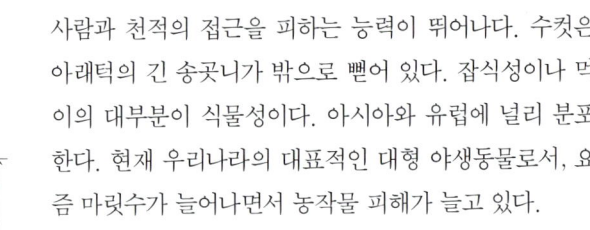

33~43cm

사는 곳과 생활

제법 큰 산과 이어진 숲에 살며 가파르고 험한 지형보다는 완만하고 축축한 땅을 좋아한다. 철 따라 좋아하는 먹이가 있어 꽤 넓은 지역을 이동한다. 한 번에 낳는 새끼 수가 많으며, 1년에 새끼를 여러 차례 낳기도 하여 천적과 수렵에 대한 회복력이 강하다.

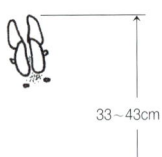
앞발
뒷발

발자국

멧돼지가 걸어간 발자국

걸을 때 두 개의 발굽이 찍히지만 며느리발톱이 함께 찍히는 수가 많다. 발자국 너비가 7cm를 넘으면 몸무게

❶ 멧돼지 뒷발 발바닥.
❷ 멧돼지 발자국. 가운데 두 발굽 뒤쪽에 있는 며느리발톱이 특징이다.
2001년 9월 강원도 평창 황병산
❸ 눈 밑의 도토리를 찾으려고 주둥이로 눈을 밀고 지나간 흔적. 2003년 1월 지리산 노고단
❹ 멧돼지가 지나간 자국. 몸집과 발자국이 아주 커서 알아보기 쉽다.
2005년 2월 중국 헤이룽장 성

❶ 멧돼지 두개골.
1998년 5월 경북 경주
❷ 생후 3개월 미만의 멧돼지 새끼 발자국.
2006년 6월 전남 구례

가 100kg를 넘는 다 큰 동물로 볼 수 있으며, 4~4.5cm이면 대개 몸무게 60kg이 안 되는 2년생일 가능성이 크다. 2년생 암컷은 번식에 갓 참여할 수 있으나 수컷은 다 자랄 때까지 다른 수컷과의 경쟁에 밀려 수년간 번식에 참여하지 못한다. 두 발굽의 앞 부분이 둥글면 암컷, 뾰족하면 수컷일 때가 많으나, 험한 산악 지역에 사는 멧돼지의 발굽은 많이 닳아 있어 암컷과 수컷의 발자국이 서로 비슷하다.

배설물

똥이 굵어서 지름이 3~5cm쯤 되고, 곶감만 한 덩어리나 지름이 2~3cm인 알갱이들이 뭉쳐 있다. 똥자리는 따로 없고, 똥에서 돼지 특유의 구린내가 난다. 똥에 식물

❸ 풀뿌리를 먹은 멧돼지의 똥.
2003년 2월 지리산 화엄사계곡
❹ 칡뿌리를 먹은 멧돼지의 똥.
2003년 2월 지리산 화엄사계곡

멧돼지 똥과 반달가슴곰 똥의 차이

멧돼지와 반달가슴곰은 몸집이 엇비슷하게 크고 먹이도 겹치는 것이 많아 똥의 크기와 모양이 비슷할 때가 있다. 하지만 반달가슴곰의 똥은 매끄럽고 둥글게 말려 쌓이는 반면, 멧돼지 똥은 마디가 져서 둥글게 말리지 않는다. 게다가 멧돼지 똥에서는 돼지 특유의 구린내가 나기 때문에 냄새를 맡아 보면 누구의 똥인지 쉽게 알아볼 수 있다.

사진은 멧돼지와 반달가슴곰 모두 도토리를 먹고 눈 똥의 모습이다. 멧돼지와 반달가슴곰이 갓 눈 똥은 둘 다 갈색을 띠지만 시간이 지날수록 검게 바뀌면서 부피가 줄어든다.

도토리를 먹은 멧돼지의 똥

(왼쪽) 멧돼지 똥 특유의 곶감을 엮은 듯한 마디가 약하지만 분명히 보인다.
2003년 11월 지리산 반야봉
(오른쪽) 시간이 많이 지나면 검게 바뀌며 말라 부피가 좀 줄어든다.
2003년 10월 지리산 심원

도토리를 먹은 반달가슴곰의 똥

(왼쪽) 똥을 싼 지 오래되지 않아서 갈색을 띤다. 모양은 마디 없이 매끄럽고 냄새는 조금 시큼하며 역겹지 않다.
2003년 10월 지리산 반야봉
(오른쪽) 시간이 많이 지나서 검게 바뀌었고 부피도 많이 줄어들었다.
2003년 11월 지리산 반야봉

의 뿌리 성분이 섞여 있는 수가 있다.

먹이 흔적

주둥이로 땅을 넓게 파내어 먹이를 찾아낸다. 낙엽이 깔린 곳이나 눈밭에서도 주둥이를 땅에 박고 먹이를 찾아낸 흔적을 볼 수 있다. 먹이 흔적이 있는 곳을 잘 살피면 무거운 덩치에 눌려 생긴 발굽 자국을 볼 수 있다. 철 따라 좋아하는 먹이를 찾아 옮겨가며, 잡식성이지만 초식을 주로 한다. 도토리와 밤을 먹을 때 껍질은 먹지 않는다.

땅을 파헤치는 멧돼지.

쥐가 굴에 저장해 놓은 도토리를 파먹은 흔적(3월).
2003년 4월 지리산 피아골

칡뿌리 캐먹은 흔적(12~4월).
2003년 4월 지리산 피아골

봄나물 뜯어 먹은 흔적(5월).
2001년 5월 지리산 문수리

풀뿌리 캐먹은 흔적(6~9월).
2001년 6월 설악산 대승령

고사리 캐먹은 흔적(7월).
2003년 7월 지리산 뱀사골

밤과 도토리 주워 먹은 흔적(9~10월). 2000년 9월 전남 구례

도토리 뒤진 흔적(11~12월).
2003년 1월 지리산 노고단

잠자리

깊은 숲 속 산등성이에서 조용하고 기울기가 완만해지는 곳에 잠자리를 둔다. 조릿대나 철쭉 따위를 꺾어 모아 지름 2m 이내의 잠자리를 만든다. 눈이나 낙엽을 걸어 내고 땅을 살짝 파서 만들기도 한다.

철쭉이나 조릿대를 꺾어 만든 잠자리는 반달가슴곰의 잠자리와 비슷한 경우가 있으므로, 주변 환경이나 발자국과 똥을 통해 추정할 수도 있으나 잠자리 안에 떨어진 털을 찾아 확인하는 것이 가장 좋다.

❶ 철쭉을 엮어 만든 잠자리. 2005년 11월 지리산 반야봉
❷ 바위 처마 아래의 잠자리. 2002년 8월 지리산 문수리
❸ 몸 크기만큼 땅을 적당히 파고 만든 잠자리. 2003년 1월 지리산 문수리

❹ 조릿대를 꺾어 만든 둥지. 2003년 10월 지리산 심원
❺ 철쭉을 꺾어 만든 둥지. 철쭉의 가지 끝이 안쪽으로 모여 있다. 2003년 3월 경북 백암산

둥지

암컷이 새끼를 낳고 키우는 시기엔 단순한 잠자리 차원을 넘어 땅 위에 둥지를 엮는다. 이처럼 둥지를 만드는 동물은 유제류 중 멧돼지가 유일하다.

멧돼지는 노루와 같은 다른 유제류와 달리 한 번에 많은 수의 새끼를 낳기 때문에, 멧돼지의 새끼는 비교적 미성숙인 상태로 세상에 나와 상당 기간 어미의 보호를 받아야 한다. 둥지는 봄여름에 숲 속 산등성이의 조용하고 기울기가 완만해지는 곳에 꺾어온 조릿대나 철쭉으로 튼튼하게 만들어진다.

둥지는 지름 2~4m의 커다란 원형이다. 철쭉을 꺾어 만든 경우 굵은 줄기가 밖으로 향하고 가지 끝이 가운데로 모이도록 한다(182쪽 '반달곰의 잠자리와 동면굴' 참조).

진흙 목욕을 한 뒤 나무에 몸을 비벼대는 멧돼지.

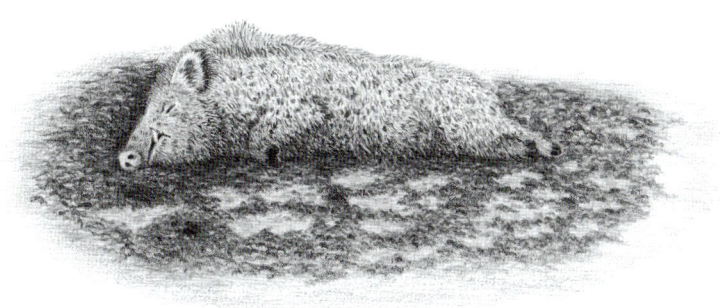

진흙 목욕

멧돼지는 진흙 목욕을 좋아해서 진흙 위에서 뒹군 흔적을 볼 수 있다. 진흙 구덩이의 크기와 수로써 멧돼지의 크기와 무리의 수를 알 수 있다.

진흙 목욕을 한 다음에는 소나무, 잣나무, 낙엽송 같은 나무의 밑동에 몸을 비비고 송곳니로 껍질을 상처 내어 나무진이 나오게 한다. 이때 이용되는 나무를 베개목이라고 한다. 베개목은 계속 이용되므로 마찰이 심한 부분은 껍질이 벗겨지며, 진흙이 많이 묻어 있고 멧돼지 털들이 끼어 있는 수가 많다.

가끔 무덤의 봉분을 파헤쳐 놓기도 하는데, 사람들이 성묘를 한 뒤 막걸리를 부었거나 봉분의 흙에 표토나 먹이에서는 얻기 힘든 성분이 함유된 경우가 많다.

❶ 멧돼지가 진흙 목욕을 하고 간 자리. 웅덩이의 크기는 멧돼지 몸집에 비례한다. 흙탕물이 가라앉지 않은 것으로 보아 멧돼지가 목욕한 지 얼마 지나지 않았다.
2003년 2월 지리산 문수리
❷ 멧돼지가 무덤의 봉분을 파헤쳐 놓았다.
2005년 1월 전남 구례 오봉산
❸ 멧돼지가 진흙 목욕을 하며 쉬고 있다.

❶ 베개목에서 흘러나온 송진. 멧돼지는 일부러 나무에 상처를 내어 송진이 흘러내리게 한다.
2003년 2월 지리산 화엄사계곡
❷ 베개목에 끼어 있는 멧돼지 털. 2002년 8월 지리산 문수리
❸ 멧돼지 베개목.
2004년 6월 충북 괴산 연풍

털

몸을 비빈 베개목이나 잠자리를 살펴보면 털을 찾을 수 있다. 털은 곧고 억세며 끝이 갈라져 있다. 길이는 5cm를 넘는 것이 많다. 모근 부분은 검은색이다가 흰색이나 검은색으로 끝나는 것이 많다.

3부 새의 흔적

조류란

새는 포유류인 인간과 다르기 때문에 다른 야생동물에 비해 훨씬 독특하고 흥미로운 흔적들이 존재한다. 새들의 흔적을 보다 쉽게 이해하기 위해서는 우선 다음의 몇 가지에 대한 사실을 주목해야 한다.

첫째, 새는 다리가 두 개이며 날개가 있다. 새는 다리가 사람처럼 두 개여서 발걸음을 이해하기 매우 쉽다. 하지만 날개가 있기에 발자국 끝에 발자국의 주인이 존재하는 네발짐승과 달리 아무것도 존재하지 않는 하늘로 이어지는 '발자국의 불연속성'이 나타난다.

둘째, 새는 이가 없다. 그래서 먹이를 갉아먹거나 씹어 먹을 수가 없다. 먹다 남은 열매와 동물의 사체를 발

큰소쩍새.
2000년 10월 서울 신림동

들꿩이 잠자리를 나와 날아오른 흔적.
2002년 1월 강원도 평창

견했을 때 이가 없는 새의 특성을 항상 염두에 두어야 한다.

셋째, 새는 배설기관이 하나다. 새는 포유동물처럼 항문과 요도가 따로 없으며, 총배설강(總排泄腔, cloacal)이라는 배설기관을 통해 똥과 오줌을 한꺼번에 배출한다. 이때 배출되는 오줌은 요산에 의해 흰색을 띠는데, 이는 새 배설물의 가장 큰 특징이 된다. 또한 장에서 소화되지 않는 털, 뼈, 큰 씨앗 등은 둥글게 모아져 다시 입으로 토해내는데 이를 '티' 또는 '펠릿'(pellet)이라고 한다. 이외에도 깃털, 둥지, 먹이 저장 역시 새들의 독특한 특성이 되며 새들의 흔적과 생활을 이해하기 위한 기초가 된다.

발자국

포유동물이라면 발자국이 끝나는 곳에 그 주인공이 있겠지만, 새들은 발자국 끝에 아무것도 없다. 새는 날개가 있기 때문에 당연한 이야기지만, 먼발치에서 눈 위에 나 있는 발자국을 보면서 이런 점을 떠올리지 못하고 포유동물의 것이려니 생각하여 쉽게 알아보지 못할 때가 많다.

새들은 사람처럼 두 다리로 걷기 때문에 네 발로 걷는 포유동물의 발걸음에 견주어 단순하며 이해하기도 쉽다. 새들의 발자국을 살펴보는 것은 초보자와 어린이들에게 많은 즐거움을 준다.

새 발자국의 특징은 발바닥 없이 긴 발가락만으로 이

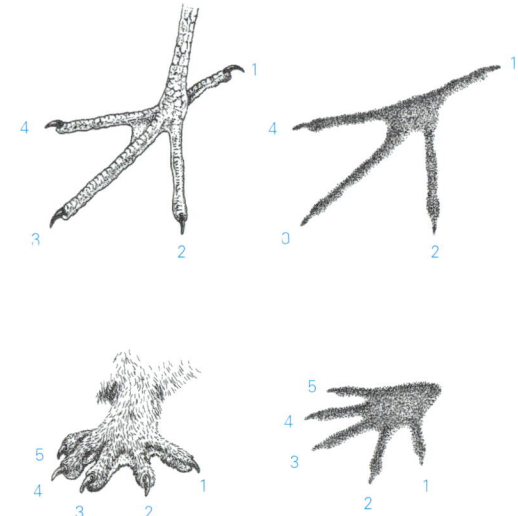

해오라기류(위)와 설치류(아래)의 발과 발자국.

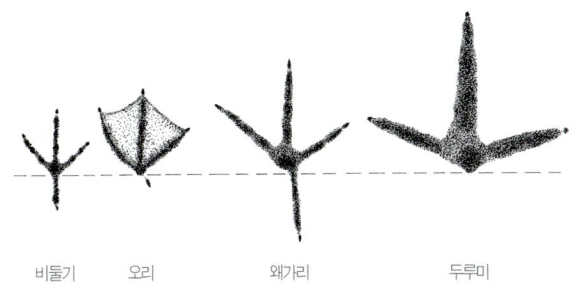

| 비둘기 | 오리 | 왜가리 | 두루미 |

나무 위에 앉거나 둥지를 트는 새들은 1번 발가락이 뒤쪽으로 발달하여 나뭇가지를 움켜쥐고 앉아 있을 수 있으나, 땅 위에서 생활하는 새들은 뒷발가락 없이 3개의 발가락만이 땅에 찍힌다. 또한 물에서 주로 생활하는 오리류는 물갈퀴가 발달하였다.

루어져 있다는 점인데, 우리가 새 다리를 보고 흔히 무릎이라고 생각하는 부분은 해부학적으로 발의 뒤꿈치에 해당한다. 발가락은 포유류와 달리 4개를 넘지 않는데 포유류의 5번 발가락(사람의 새끼손가락)에 해당하는 것이 사라졌기 때문이다. 그리고 발가락 하나는 뒤쪽으로 나 있는데 사람의 엄지손가락에 해당하는 1번 발가락이 뒤로 돌아가 있는 것이다.

오리나 꿩, 두루미처럼 나무에 앉지 않고 땅 위에 내려앉는 새들의 발자국은 앞발가락만 3개가 찍히며, 까치와 멧비둘기처럼 나무에 앉는 새들은 뒤로 난 발가락까지 4개의 발가락이 찍힌다. 새들은 나무에 앉을 때 뒤로 난 발가락으로 가지를 움켜쥐는데, 땅이나 물에서 생활하는 새들은 뒷발가락을 발달시킬 필요가 없었기 때문이다. 새들의 발걸음은 걸을 때는 일직선 또는 지그재그로 나타나며, 껑충 뛰며 이동할 때는 발자국 두 개가 쌍을 이

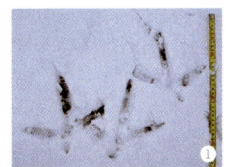

❶ 두루미 발자국.
2005년 12월 강원도 철원
❷ 왜가리 발자국과 똥. 왜가리가 내려앉으면서 발자국이 깊이 들어갔다.
2003년 1월 섬진강
❸ 나무에 앉지 않고 땅 위에서 생활하는 꿩은 3개의 발가락이 땅에 찍힌다.
2000년 9월 강화도

두루미. 1999년 4월 중국 헤이룽장 성 자룽 보호구역

❶ 흰뺨검둥오리 발자국.
2000년 6월 경북 경주
❷ 꿩 발자국.
2005년 12월 서울 신림동
❸ 말조개가 지나간 흔적과 쇠백로 발자국.
2006년 10월 전남 구례

루어 나란히 나타난다.

걷기

새는 사람처럼 두 다리로 걷기 때문에 아주 이해하기 쉽다. 사람이 걸을 때와 마찬가지로 한 발은 항상 땅에 닿아 있으며, 네 발 달린 포유동물처럼 뒷발과 앞발의 발자

발자국 249

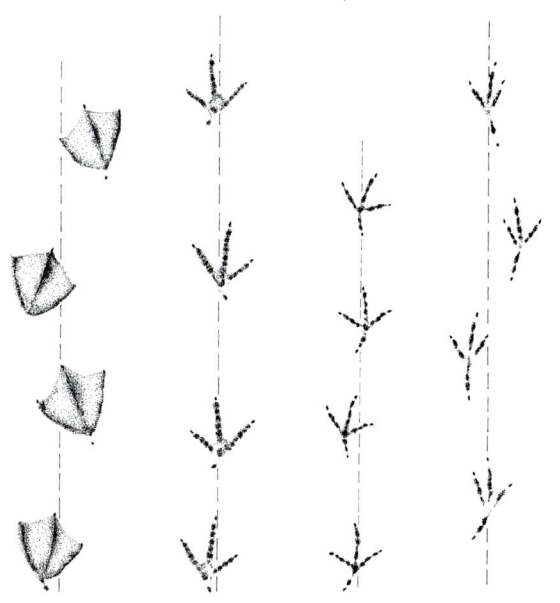

| 청둥오리가 걸어간 발자국 | 꿩이 걸어간 발자국 | 멧비둘기가 걸어간 발자국 | 까치가 걸어간 발자국 |

❶ 꿩. 2004년 10월 전남 구례
❷ 까치. 2004년 2월 경기도 성남
❸ 까치와 고양이의 어지러운 발자국. 음식물 쓰레기를 두고 이 둘은 경쟁자가 된다. 2005년 2월 전북 인월

❶ 오리류의 발자국. 물갈퀴 흔적을 볼 수 있다.
2003년 1월 섬진강
❷ 오리류의 발걸음. 뒤뚱뒤뚱 걸어간 모습을 상상할 수 있다.
2003년 1월 섬진강
❸ 까치의 날개 흔적.
2004년 3월 전북 남원
❹ 꿩 발자국과 날개 흔적. 걸어가다가 오른쪽으로 틀어 날아갔음을 알 수 있다.
2001년 2월 경기도 안산 시화호
❺ 일직선으로 걷는 꿩의 걸음걸이.
2001년 2월 경기도 안산 시화호

국이 겹쳐 찍히지도 않는다. 꿩과 메추리의 발자국은 일직선을 이루며, 까치와 오리의 발자국은 대개 갈지자를 이룬다.

달리기

새의 달리기는 발걸음이 걷기와 같으나 속도가 빨라서 두 다리 모두가 땅에서 떨어지는 순간이 짧게 생긴다. 땅 위에서 주로 시간을 보내는 물떼새처럼 섭금류(涉禽類)의 새들이 달리는 발자국을 많이 만들지만 까치나 지빠귀 무리도 흔히 달린다. 달리기는 대개 일직선의 발걸음을 만들며 일직선으로 걸어간 자국과 구분하기 어려운 경우도 있다. 하지만 걷기는 걸음걸이가 쭉 이어지는 반면 달리기는 대여섯 걸음으로 끝날 때가 많다.

꼬까도요가 달려간 발자국

뛰기

뛰기는 두 발에 한꺼번에 힘을 줘서 몸을 공중에 띄워 나아가는 것으로 참새와 까치 따위를 보면 땅에 내려앉아 쉽게 두 발로 깡충깡충 뛰며 이동하는 것을 볼 수 있다. 이때 발자국은 두 개씩 나란히 나타난다.

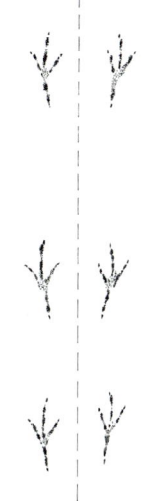

뛰어다니는 참새 발자국

참새.
2003년 12월 용인 에버랜드

❶ 작은 도요새류의 발자국.
2003년 1월 섬진강
❷ 물웅덩이를 서성거린 알락할미새 발자국.
2005년 6월 강원도 태백
❸ 삑삑도요.
2004년 4월 전북 남원
❹ 알락할미새.
2004년 3월 전북 남원
❺ 쇠백로와 소형 도요류 발자국.
2006년 10월 전남 구례

❶ 풀씨와 곤충을 찾아다닌 멧새류의 발자국. 꼬리가 끌린 흔적이 없는 대신 두 발이 동시에 끌렸으며, 길고 거친 발자국은 쥐의 흔적과 다른 점이다. 2005년 12월 전북 남원
❷ 풀에 붙은 씨앗을 따먹기 위해 노랑턱멧새 무리가 작은 풀 위에 내려앉으면 풀이 눈 위로 쓰러진다. 이때 새는 좀 더 쉽게 먹이를 먹을 수 있고, 새가 날아간 뒤 풀은 다시 일어선다.
❸ 멧새. 2004년 1월 섬진강
❹ 노랑턱멧새. 2003년 12월 지리산 피아골
❺ 나뭇가지에 자주 앉는 쇠백로는 4개의 발가락이 땅에 찍힌다. 오른쪽 아래는 너구리 발자국이다. 2003년 10월 섬진강

❶ 독수리의 발걸음.
2002년 4월 한국동물구조관리협회
❷ 독수리의 발자국.
2002년 4월 한국동물구조관리협회
❸ 큰기러기 발자국.
2006년 11월 충남 서산
❹ 큰기러기와 깍도요 발자국.
2006년 11월 충남 서산
❺ 까마귀의 걸음걸이.
2005년 2월 강원도 강릉

배설물

포유류는 똥과 오줌을 항문과 요도를 통해 따로 배설하지만 새들은 총배설강(總排泄腔, cloacal)을 통해 한꺼번에 배설한다. 이때 섞여 있는 오줌은 색깔이 희고 끈적이는데, 이 점이 포유류 배설물과 다른 큰 특징이다. 또한 새들의 배설물을 보고 맨눈으로 먹이 종류를 알아내는 것은 매우 어렵다. 이는 새들이 대부분 먹이에 버찌 같은 열매의 씨앗이나 털, 깃, 뼈 따위가 섞여 있을 경우 소화기관에서 소화하지 않고 둥글게 뭉쳐 도로 토해 내기 때문이다. 다만 버찌처럼 색깔이 진한 과즙이 있는 열매를 먹었을 때에는 배설물에 같은 색깔이 나타나 주변 식생을 살펴보고 먹이를 짐작할 수 있다.

새들의 배설물 형태는 액체형, 원통형, 중간형의 세 가지로 나눌 수 있다. 액체형은 하얀 액체 상태를 나타내

멧비둘기.
2004년 7월 전북 남원

❶ 큰말똥가리가 하얀 액체형 똥을 싸고 있다. 2006년 1월 충남 서산 ⓒ 김현태
❷ 멧비둘기 똥. 빨간 열매를 먹어 빨간색 똥이 나왔다. 2005년 12월 전북 남원

❶ 액체형(물까마귀 똥)
❷ 원통형(기러기 똥)
❸ 중간형(멧비둘기 똥)

며 매와 같은 맹금류나 백로류에게서 볼 수 있다. 특히 백로류는 집단으로 나무 위에서 번식을 하는데, 배설물이 부식성이 매우 강해서 둥지 아래의 식생이 말라 죽는다.

　원통형은 주로 갈색이나 녹색으로 길고 매끄럽게 구부러져 있으며 한쪽 끝에 흰색 점액이 묻어 있다. 들꿩이나 기러기처럼 초식성인 새들에게서 흔히 볼 수 있다. 들꿩처럼 나무의 새순이나 눈을 먹고 눈 똥은 갈색을 띠지만 기러기처럼 풀을 많이 먹고 눈 똥은 초록색을 띠곤 한다.

　중간형은 잡식성이거나 곤충, 곡식, 열매 따위를 많이 먹는 새들에게서 나타나며 모양이 일정하지 않거나 비둘기 똥처럼 둥글게 말려 있다.

❶ 꿩의 2차 배설물. 1차 배설물처럼 윗부분에 요산이 묻어 있다. 2004년 1월 섬진강
❷ 꿩의 2차 배설물. 요산이 거의 묻지 않았다. 2003년 9월 경기도 성남
❸ 꿩의 2차 배설물 속과 표면에 살짝 묻은 흰색 요산. 2003년 9월 경기도 성남
❹ 꿩과 들꿩은 때로 흥미로운 배설 습성을 보이는데, 처음에 흰색 요산이 일부 묻은 갈색의 길고 둥근 똥을 싼 다음 반액체 상태의 진한 갈색 똥을 싼다. 이 반액체 상태의 2차 배설물은 맹장에서 배출되며 1차 배설물 위에 놓이거나 조금 떨어진 곳에 놓인다. 사진은 들꿩의 배설물이다. 2003년 1월 지리산 피아골
❺ 들꿩의 2차 배설물. 2001년 1월 전남 구례
❻ 꿩의 1차 배설물. 2004년 2월 경기도 성남
❼ 들꿩의 1차 배설물. 2001년 3월 북한산

❶ 붉은배새매의 똥.
2001년 7월 서울 신림동
❷ 물까마귀의 똥과 유리창나비
(네발나비과).
2002년 4월 경남 산청
❸ 수리부엉이의 똥과 털.
2004년 4월 경기도 이천
❹ 말똥가리의 똥 자국.
2006년 11월 충남 서산

❶ 흑두루미. 2000년 11월 전남 순천
❷ 흑두루미 똥. 2000년 11월 전남 순천만
❸ 겨울철 새들의 먹이가 되는 노박덩굴 열매. 2005년 1월 지리산 뱀사골
❹ 기러기 똥. 2000년 10월 경기도 안산 시화호
❺ 큰기러기. 2004년 11월 충남 서산

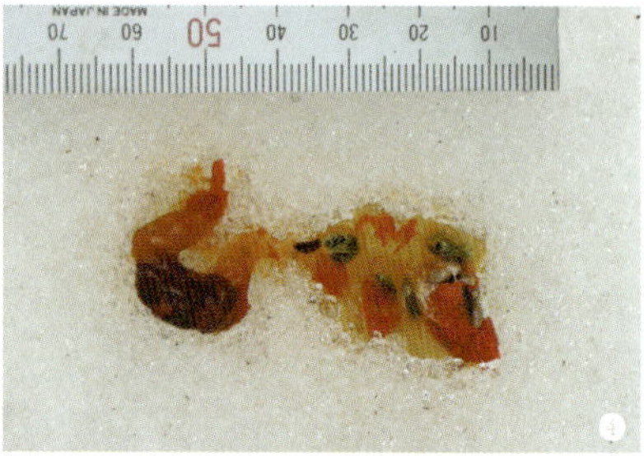

❶ 박새. 2006년 5월 전남 광양
❷ 야광나무 열매와 작은 새가 먹고 난 뒤 뱉은 티와 액체형 배설물. 새들은 뼈, 깃털, 굵은 씨앗, 열매의 거친 껍질 따위의 소화가 어려운 것은 똥을 눌 때 배설하지 않고 덩어리로 모아 입으로 토해 낸다. 이때 토해 낸 덩어리를 '티' 또는 '펠릿(pellet)' 이라고 한다. 2005년 1월 지리산 뱀사골
❸ 작은 새가 노박덩굴 열매를 먹고 뱉어 낸 티.
❹ 작은 새 배설물. 열매의 크기가 작거나 물기가 많을 경우 티로 토해낼 부분의 일부가 배설물에 섞여 나오기도 한다. 배설물의 오른쪽에 노박덩굴 씨앗에 묻은 흰색 요산이 보인다. 2005년 1월 지리산 뱀사골
❺ 직박구리. 경남 하동
❻ 멧비둘기가 야광나무 열매를 먹고 눈 붉은 배설물(위)과 다른 열매를 먹고 눈 검은 배설물(아래). 먹이 색깔에 따라 배설물의 색깔이 달라지기도 하는데, 오줌에 해당하는 요산의 흰색은 변하지 않는다.
2005년 1월 지리산 뱀사골
❼ 직박구리 똥. 직박구리는 씨앗이 1cm 이상으로 꽤 크지 않으면 티로 뱉지 않고 똥으로 배설한다. 2005년 12월 충남 서산

❶ 황조롱이.
2004년 1월 전남 구례
❷ 황조롱이 티(펠릿pellet).
2006년 6월 전남 구례
❸ 새홀리기.
1996년 6월 서울 신림동
❹ 새홀리기 티.
2005년 8월 충남 서산

ⓒ 박형욱

❶ 금눈쇠올빼미가 티(pellet)를 뱉어내는 모습.
2005년 12월 충남 서산
ⓒ 조정장

❷ 딱새가 소화되지 않은 씨앗을 뱉어내는 모습.
2006년 2월 전북 군산
ⓒ 이권우

❸ 나무 위에서 경계 중인 수리부엉이.
2002년 2월 경북 경주

❹ 수리부엉이가 쥐를 먹은 뒤 게워낸 티.
2004년 4월 경기도 이천

❺ 수리부엉이의 티와 주변의 똥.
2004년 4월 경기 이천

❻ 왜가리 똥. 새들은 방광이 따로 없고 배설총강을 통해 똥과 오줌을 한꺼번에 눈다. 이때 포유류의 오줌에 해당하는 흰색의 요산을 함께 내보낸다.
2004년 1월 섬진강

둥지

❶ 오목눈이. 2003년 10월 전북 순창
❷ 굴뚝새. 2003년 11월 전남 구례
❸ 오목눈이 둥지. 이끼로 배경이 되는 바위벽과 비슷한 색깔과 질감을 만들었다. 2001년 3월 전남 구례
❹ 바위 절벽에 붙은 낙엽 뭉치처럼 위장해 지은 굴뚝새 둥지. 2001년 7월 지리산 불무장등

❶ 까치 둥지.
2004년 4월 경기도 성남
❷ 까치는 사람이 사는 근처 전망이 좋은 곳의 커다란 활엽수를 좋아한다.
2004년 4월 서울대학교
❸ 까치 둥지의 안쪽. 넓고 빈틈없이 튼튼하다. 소쩍새와 파랑새가 둥지로 이용하기도 한다.
2001년 7월 북한산
❹ 곤줄박이가 전봇대 구멍에 튼 둥지.
1998년 5월 경북 경주
❺ 멧비둘기 둥지와 알. 소나무의 수평으로 자란 가지에 주로 지으며 매우 허술해서 아래에서 보면 빈틈으로 하늘이 보이기도 한다.
1997년 9월 경북 경주
❻ 찌르레기 둥지. 찌르레기가 쓰고 난 뒤 나무 구멍은 솔부엉이의 둥지가 되기도 한다.
2004년 5월 전북 정읍

(오른쪽) 개개비 둥지.
2005년 6월 낙동강 하구

ⓒ 박형욱

❶ 붉은머리오목눈이.
2004년 5월 전북 남원
❷ 붉은머리오목눈이 둥지.
2003년 5월 충남 서산 ⓒ 박형욱
❸ 꼬마물떼새.
2004년 5월 전북 남원
❹ 꼬마물떼새 둥지와 알.
2003년 5월 경기도 고양
❺ 꿩 둥지.
2005년 6월 낙동강 하구 ⓒ 박형욱
❻ 쇠딱따구리 둥지.
2005년 4월 전북 남원
❼ 새홀리기 둥지. 묵은 까치 둥지를 썼다. 1996년 5월 서울 신림동

❶ 귀제비 둥지. 진흙을 이용하여 만든다. 2004년 6월 전북 김제
❷ 붉은배새매. 1998년 6월 서울
❸ 붉은배새매 둥지. 2001년 서울
❹ 쇠유리새. 2006년 4월 충남 서산 ⓒ 김현태
❺ 땅 위의 쇠유리새 둥지와 알. 2005년 6월 태백산
❻ 물총새의 둥지 구멍. 2006년 6월 서울 올림픽공원
❼ 제비와 제비 둥지. 2006년 8월 강원도 강릉

모래 목욕

꿩이나 참새와 같은 새들은 흙 위에서 뒹굴거나 깃털과 피부에 흙을 발라 피부의 건강을 유지한다. 흙은 깃털에 있는 필요 이상의 기름을 흡수하고 새의 피부를 건조하게 유지해 준다. 이런 상태에서는 미생물이 잘 살 수 없다. 또한 흙에는 작고 날카로운 입자들이 있어서 체외 기생충에게 상처를 낸다. 아마도 이러한 효과들을 가장 잘 낼 수 있는 흙은 건조하고 양지바른 장소에 있는 모래가 해당될 것이다. 어떤 경우에는 개미집을 부수고 날개를 펴고 앉아 개미가 깃털로 기어오르도록 하기도 하는데 개미가 내뿜은 포름산은 이와 진드기를 죽이는 유독물질

꿩이 모래 목욕을 하고 간 자리. 2003년 9월 지리산 노고단

이다. 이처럼 모래 목욕이나 개미를 이용한 앤팅(anting)을 하지 않는 새들은 날개를 들어 올려 아랫부분을 햇볕에 드러내어 일광욕을 함으로써 유사한 효과를 본다 (Engel, 2003).

참새가 모래 목욕을 하고 있다.
2002년 7월 경기도 용인 에버랜드

먹이 흔적

❶ 부리에 도토리를 문 어치. 2003년 10월 지리산 노고단
❷ 어치가 겨울을 대비해 나무 틈에 저장한 도토리. 2003년 12월 지리산 피아골
❸ 나무를 쪼는 큰오색딱따구리. 2005년 11월 경남 천성산
❹ 딱따구리가 나무를 쪼고 난 썩은 나무. 2005년 2월 중국 헤이룽장 성

먹이 흔적 271

❶ 까막딱따구리가 잣나무를 쫀 흔적.
2003년 10월 지리산 반야봉
❷ 새가 먹고 남긴 다래.
2003년 9월 지리산 칠선계곡

❶ 감을 먹는 직박구리.
2004년 1월 전남 구례 오산
❷ 꿩이 낙엽 밑의 먹이를 찾아 헤집은 자리.
2004년 4월 경기도 성남
❸ 층층나무 열매를 먹고 있는 들꿩.
2003년 8월 지리산 대성골

먹이 흔적

❶❷ 까치가 죽은 메추라기를 뜯어 먹었다. 주변에 까치 발자국이 남아 있다.
2001년 2월 경기도 안산 시화호.
❸ 포식자에게 먹히고 머리만 남은 물까치.
2005년 중국 헤이룽장 성
❹ 포식자한테 털린 오목눈이 둥지.
2001년 5월 지리산 문수리
❺ 맹금류한테 먹힌 어치 사체. 남아 있는 머리뼈와 다리뼈가 포유류의 어금니에 씹히지 않고 맹금류에게 뜯어 먹혔음을 말해 주고 있다.
2005년 2월 전북 남원
❻ 까치가 꿩 사체 먹은 흔적.
2006년 2월 전북 남원

❶ 차에 치여 죽은 뒤 까치에게 뜯어 먹힌 소쩍새. 포유류에게 먹힌 경우는 어금니에 뼈가 부서진다.
2005년 5월 전북 남원
❷ 때까치가 사냥해 나뭇가지에 걸어 놓은 장지뱀.
2004년 1월 전남 구례
❸ 때까치.
2004년 1월 섬진강
❹ 수달에게 잡아먹힌 검은댕기해오라기.
2005년 9월 섬진강

먹이 흔적 275

❶ 맹금류한테 작은 새가 공격당했다. 작은 새는 깃털만이 남았고 맹금류는 다시 날아갔다.
2005년 2월 중국 헤이룽장 성
❷❸ 맹금류가 설치류를 공격한 흔적. ❷의 경우 땅 위에서 몇 차례 실랑이가 있었으며 사냥에 성공했는지는 알 수 없다. ❸은 단번에 쥐가 판 구멍을 정확히 습격한 것으로 보아 사냥에 성공한 듯하다.
2005년 2월 중국 헤이룽장 성

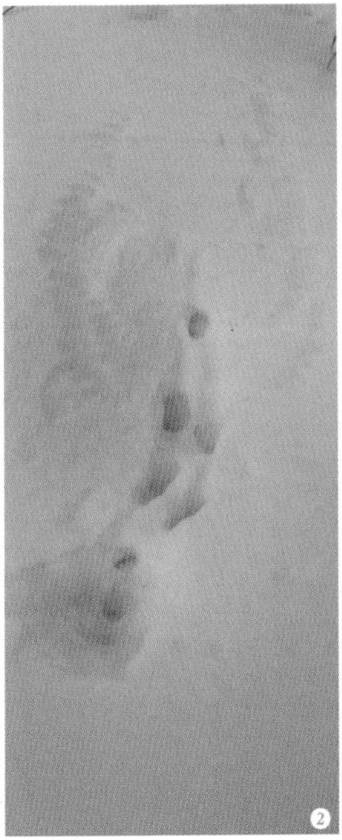

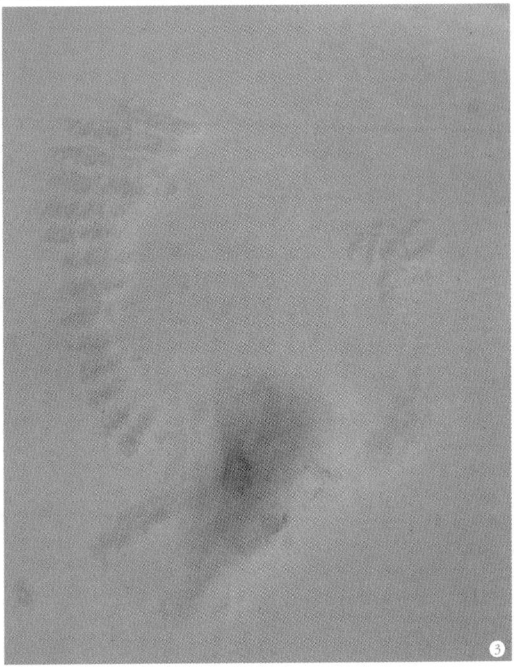

❶ 메추라기가 흙을 파 모이를 찾은 흔적.
2006년 11월 충남 서산
❷ 갈매기가 죽은 숭어를 파먹은 흔적.
2003년 7월 한강
❸ 붉은배새매가 먹고 버린 개구리 뒷다리 뼈.
2000년 8월 서울 신림동

깃털

왜가리 깃털과 왜가리. 2006년 4월 서울 양재천

청둥오리 깃털과 청둥오리 수컷. 2000년 1월 경기도 과천

쇠오리 깃털과 쇠오리. 충남 서산

❶ 왜가리 *Ardea cinerea*(Gray Heron)
❷ 청둥오리 *Anas platyrhynchos*(Mallard)
❸ 쇠오리 *Anas crecca*(Teal) ⓒ 김현태

독수리 깃털과 독수리. 2003년 12월 몽골 몽고모리트

새매 깃털과 새매 수컷. 2002년 3월 서울 신림동

말똥가리 깃털과 말똥가리. 2000년 12월 시화호

들꿩 깃털과 들꿩 수컷. 1999년 3월 경북 영양

꿩 깃털과 꿩. 2006년 5월 서울 올림픽공원

메추라기 깃털과 메추라기. 2000년 10월 경북 경주

깃털 279

멧비둘기 깃털과 멧비둘기. 2001년 2월 서울 신림동

수리부엉이 깃털과 수리부엉이. 2004년 1월 경기도 이천

올빼미 깃털과 올빼미. 2000년 8월 한국동물구조관리협회

쏙독새 깃털과 쏙독새. 2001년 6월 경북 경주

큰오색딱따구리 깃털과 큰오색딱따구리. 강원도 인제

❶ 독수리 *Aegypius monachus*(Black Vulture)
❷ 새매 *Accipiter nisus*(Sparrow Hawk)
❸ 말똥가리 *Buteo buteo*(Common Buzzard)
❹ 들꿩 *Tetrastes bonasia*(Hazel Grouse)
❺ 꿩 *Phasianus colchicus*(Ring-necked Pheasant)
❻ 메추라기 *Coturnix coturnix*(Common Quail)
❼ 멧비둘기
Streptopelia orientalis(Rufous Turtle Dove)
❽ 수리부엉이 *Bubo bubo*(Eagle Owl)
❾ 올빼미 *Strix aluco*(Korean Wood Owl)
❿ 쏙독새 *Caprimulgus indicus*(Jungle Nightjar)
⓫ 큰오색딱따구리
Drycopus leucotos(White-backed Woodpecker)

호랑지빠귀 깃털과 호랑지빠귀. 2005년 4월 서울 신림동

멋쟁이새 깃털과 멋쟁이새. 2005년 11월 서울 신림동

참새 깃털과 참새. 2003년 12월 경기도 용인

어치 깃털과 어치. 전남 구례

까치 깃털과 까치. 2005년 11월 서울 신림동

❶ 호랑지빠귀 *Turdus dauma*(White's Ground Thrush)
❷ 멋쟁이새 *Pyrrhula pyrrhula*(Bullfinch)
❸ 참새 *Passer montanus*(Tree Sparrow)
❹ 어치 *Gurrulus glandarius*(Jay)
❺ 까치 *Pica pica*(Black-billed Magpie)

부록

야생동물 흔적 관련 용어

1. 발자국 용어

- 발자국: 이동할 때 발바닥이나 발가락이 땅에 닿아 만들어진 자국, 유제류는 발굽이 땅에 닿아 만들어진 자국(footprint).
- 발바닥: 발가락과 발톱을 뺀 땅에 닿는 발 부분(sole).
- 발가락볼: 발가락의 땅에 닿는 부분 중 털이 없는 살덩이(가락못, toe pad, digital pad).
- 발볼: 발가락을 뺀 발바닥의 털이 없는 부분의 살덩이(발바닥못, heel pad, interdigital pad, middle pad, central pad and carpal pad).
- 볼: 발가락볼과 발볼을 모두 일컫는 말(못, pad).
- 윗볼: 족제비과와 설치목의 앞뒤 발자국에 나타나는 발볼은 위아래 두 부분으로 나뉘며, 이 두 부분 중 윗부분의 볼(가락사이못, central pad, intermediated pad).
- 아랫볼: 발볼에서 윗볼 아래의 볼(발목못, carpal pad).
- 며느리발톱: 개과와 고양이과 앞발의 퇴화된 1번 발가락, 유제류의 퇴화된 2번과 5번 발가락, 일부 조류 수컷(닭, 꿩 등)의 발 뒤 위쪽의 1번 발가락을 지칭하며 다른 발가락과 달리 걸을 때 땅에 닿지 않는다(dew claw, lateral hoof, spur).

2. 걸음걸이 용어

- 보폭: 한발 내딛은 발자국과 그 전 발자국 사이의 간격. 즉, 한발 간격(stride).

- 한걸음 폭: 같은 발에 의해 찍힌 두 번의 연속된 발자국 사이의 거리.
- 다리 폭: 발걸음의 가로 폭으로서 오른발과 왼발 사이의 바깥쪽 수평 너비(straddle).
- 걷기: 느린 발걸음으로서, 발자국은 보통 약간 갈지자로 앞발 자국 위에 뒷발 자국이 정확히 덮이거나 뒷발 자국이 뒤로 조금 처져서 찍힌다. 네 발 가운데 한 발이나 두발만이 땅에서 떨어진다.
- 빨리 걷기(속보): 걷기의 한 가지로, 빠르게 걷는 것을 말한다. 서로 다른 쪽 두 발을 함께 떼며 걷기에 비해 보폭은 넓어지고 다리 폭은 좁아진다(trotting).
- 달리기: 빠르게 이동하는 일반적인 발걸음으로서, 네 발을 모두 땅에서 뗀 다음 네 발을 각각 다른 곳에 디뎌서, 발자국이 서로 겹치지 않는다(galloping).
- 뛰기: 앞발과 뒷발을 따로 떼고 디디며, 대개 뒷발 자국이 앞발 자국 위에 겹치거나 넘어가서 찍힌다(jumping).
- 모아 뛰기: 뛰기 중 족제비와 쇠족제비처럼 두발을 모아 뛰는 발걸음. 두 앞발이 나란히 찍힌 위에 두 뒷발이 나란히 찍혀 전체적으로 나란히 찍힌 두 개의 발자국이 일직선으로 길게 늘어선 것처럼 보인다.
- 측대보: 발걸음의 독특한 형태로서 양쪽 다리를 엇갈려 걷지 않고 앞발과 뒷발의 같은 쪽 발을 동시에 떼어 걷는 것으로, 앞뒤의 두 오른발이 땅에 닿아 있으면 두 왼발은 공중에 떠 있게 된다.

3. 기타 흔적 용어

- (돼지)물통: 멧돼지가 진흙 목욕을 하는 곳(wallowing site).
- 꽃밭(치기): 멧돼지가 잠자리를 정하거나 은신처로 가기 전에 발자국을 어지럽게 만들거나 빙빙 둘러 가서 천적이나 사냥꾼의 추적을 따돌리는 행위.
- 똥굴: 오소리가 땅을 파고 똥을 누는 얕은 굴.
- 똥돌: 담비, 수달, 족제비 등이 똥을 누는 돌.
- 똥자리: 너구리와 산양처럼 반복적으로 똥을 누는 장소.
- 발꾼: 동물 흔적을 찾아 사냥을 도와주는 사람.
- 발을 보다: 동물의 흔적을 조사하다.
- 발터: 동물의 발자국이 남겨진 장소.
- 베개목: 멧돼지가 진흙목욕 후 몸을 비벼대는 나무.
- 뿔질: 뿔을 가진 동물이 서로 뿔을 부딪쳐 싸우거나(butting) 뿔을 나무에 비벼

대는 행위(barking).
- 상사리: 곰이 가지를 꺾어 나무 위에 만든 둥지 모양의 먹이 흔적 또는 휴식처(bear nest).
- 엄: 멧돼지의 며느리발톱.
- 티: 새들의 먹이 중 털, 깃, 뼈, 열매의 씨앗 등 소화를 시키지 못하는 부분을 둥근 누에고치 모양으로 뭉쳐 밖으로 토해낸 덩어리(펠릿pellet).

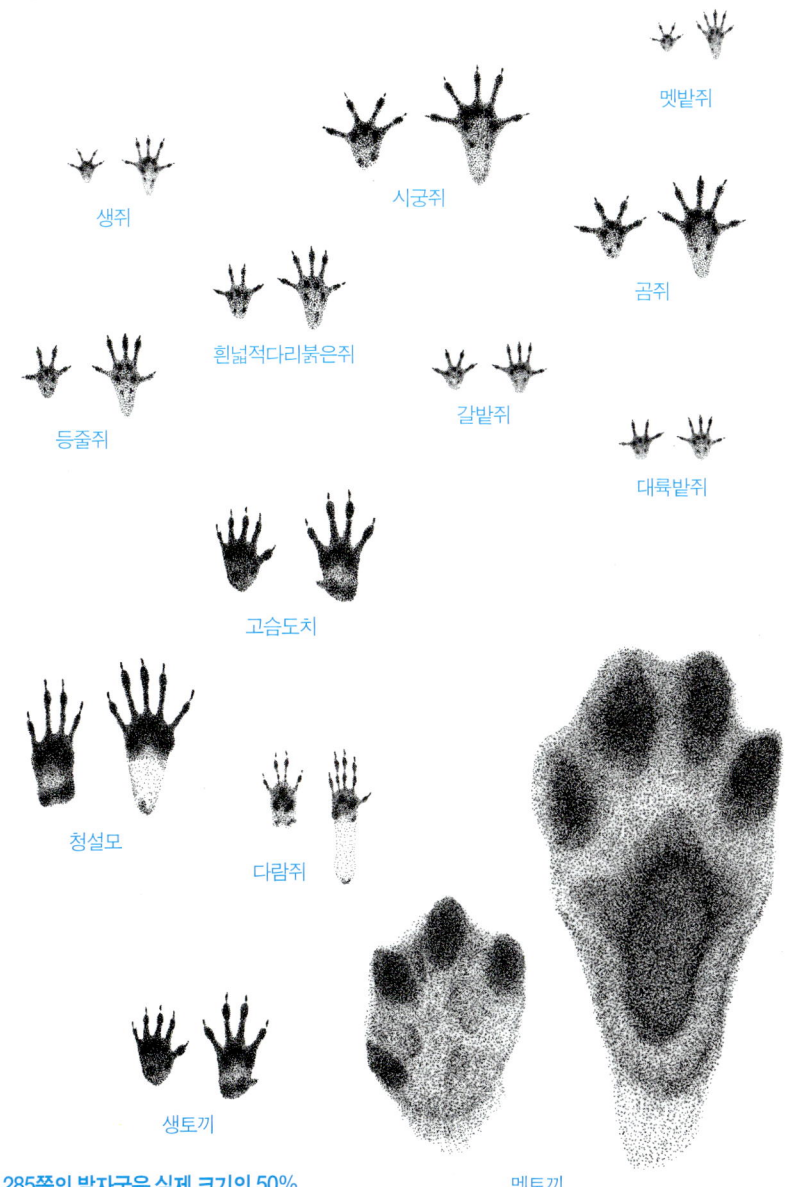

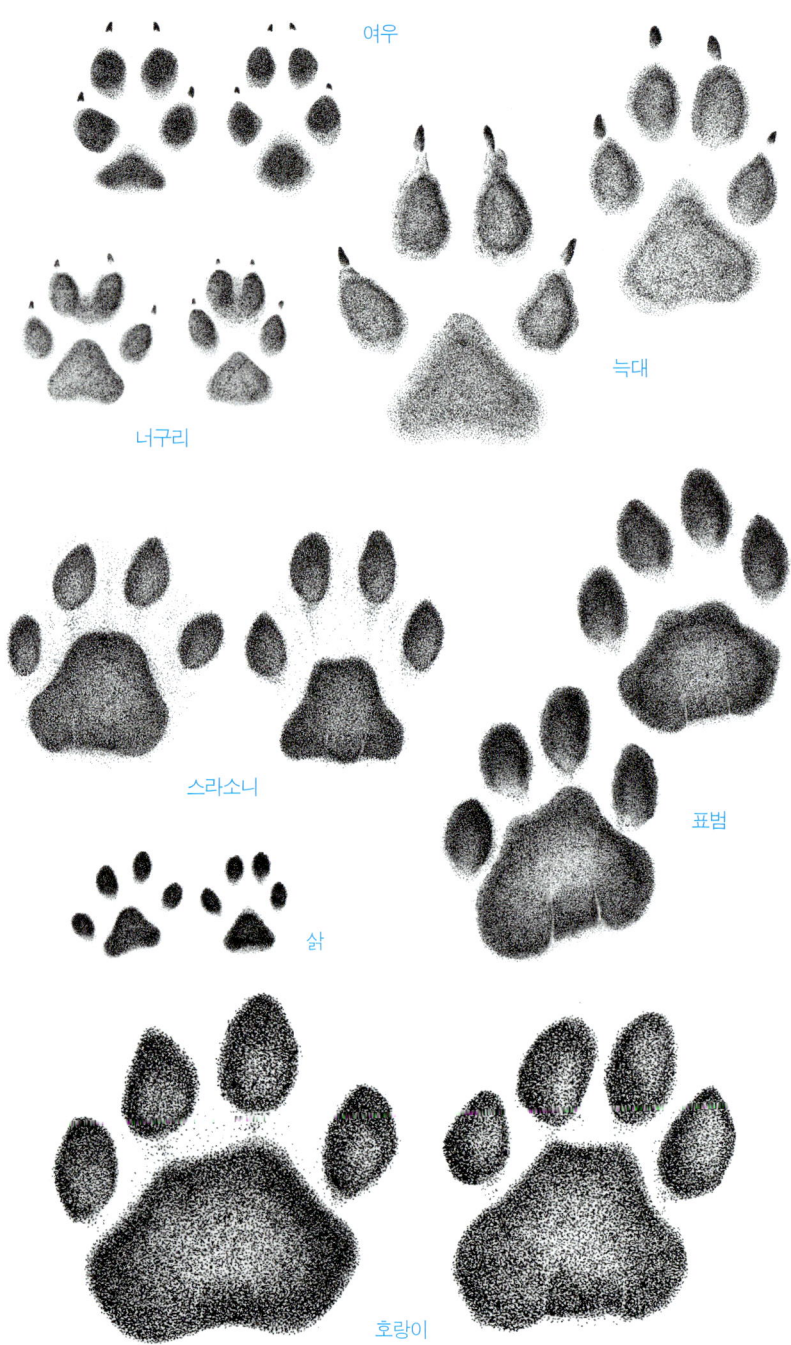

286쪽의 발자국은 실제 크기의 40%(호랑이의 발자국은 실제 크기의 35%)

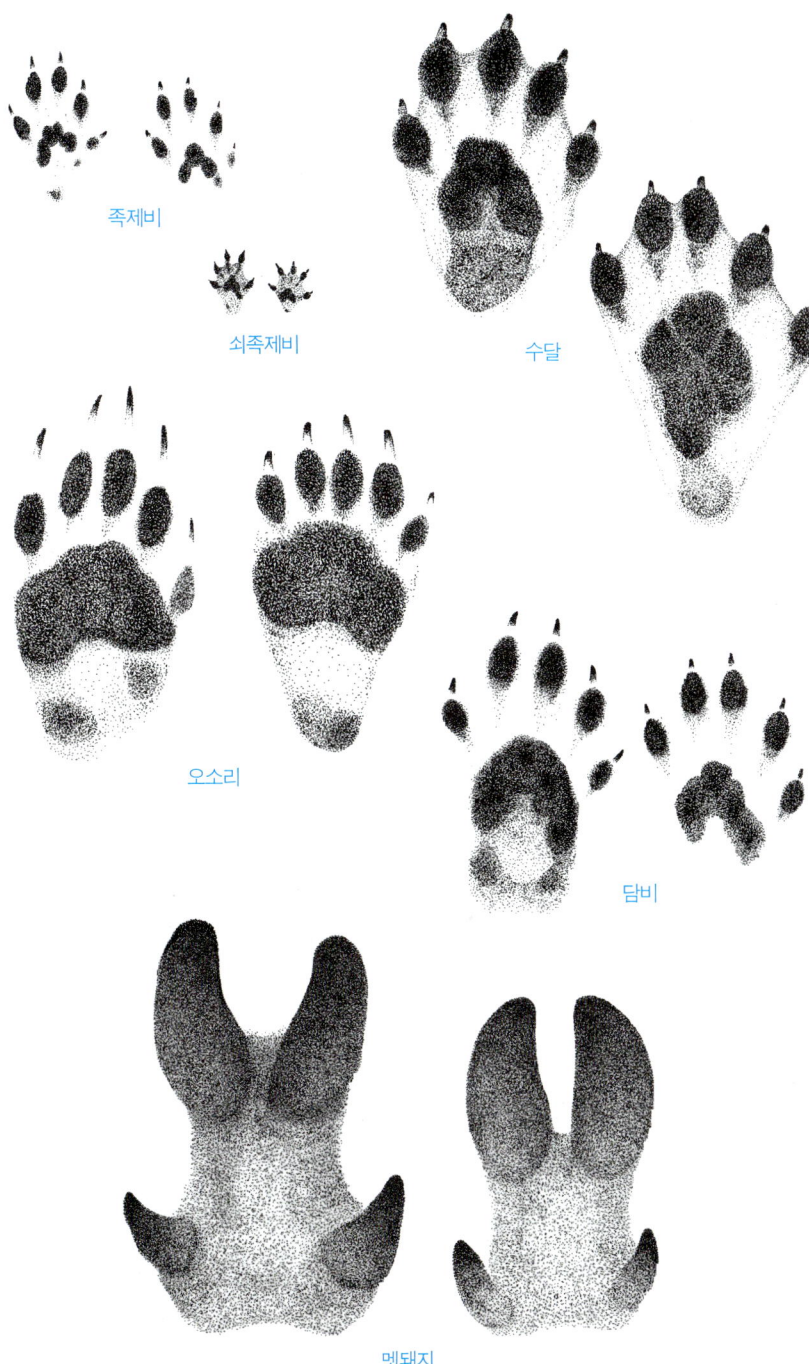

287쪽의 발자국은 실제 크기의 50%

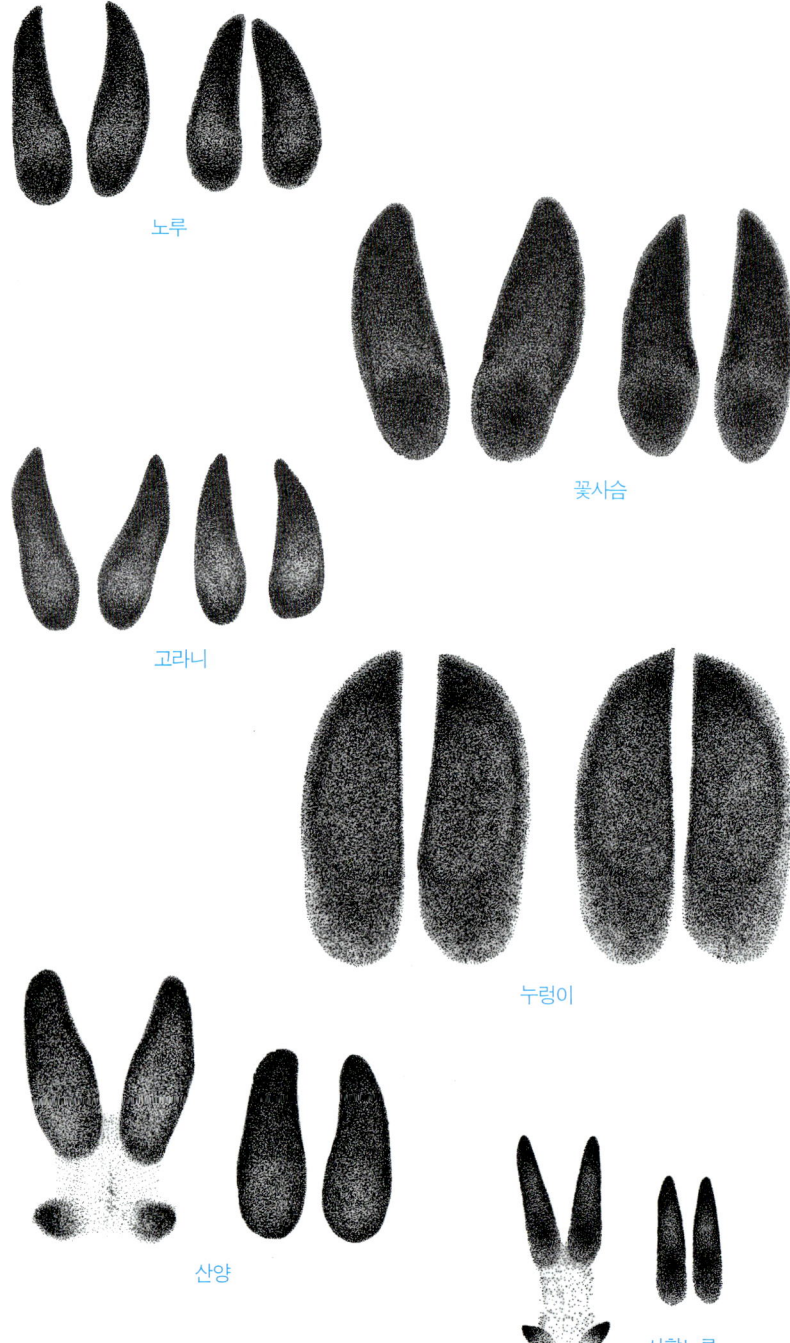

288쪽의 발자국은 실제 크기의 50%

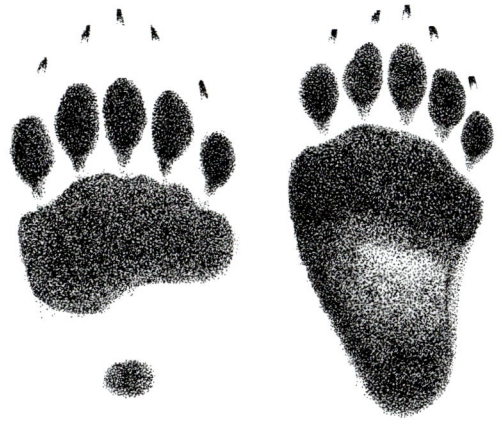

반달가슴곰

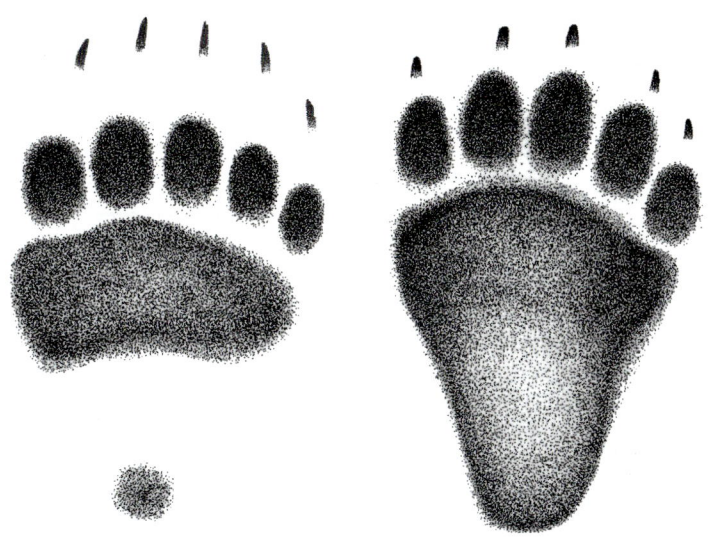

불곰

289쪽의 발자국은 실제 크기의 25%

새 발자국은 실제 크기의 50%

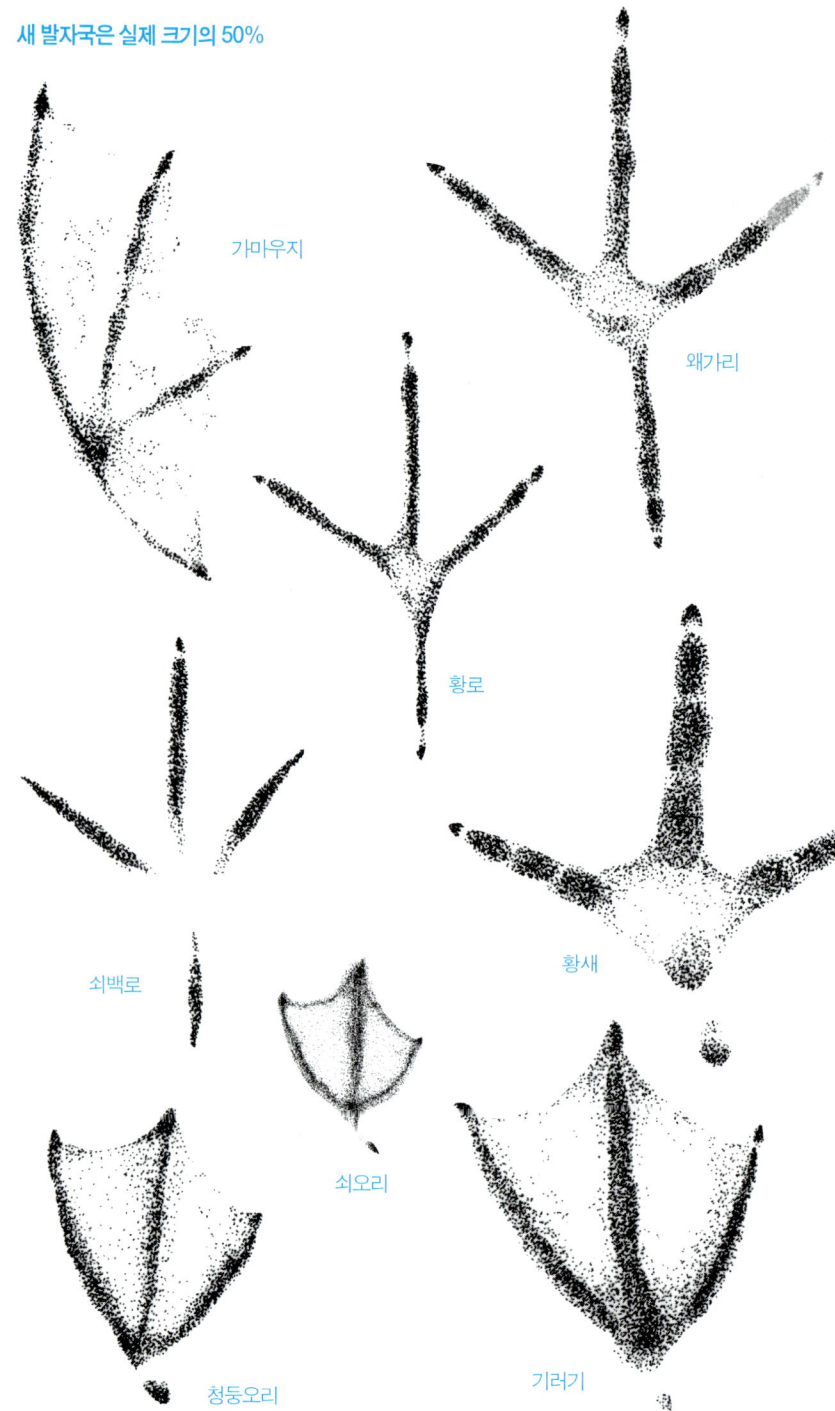

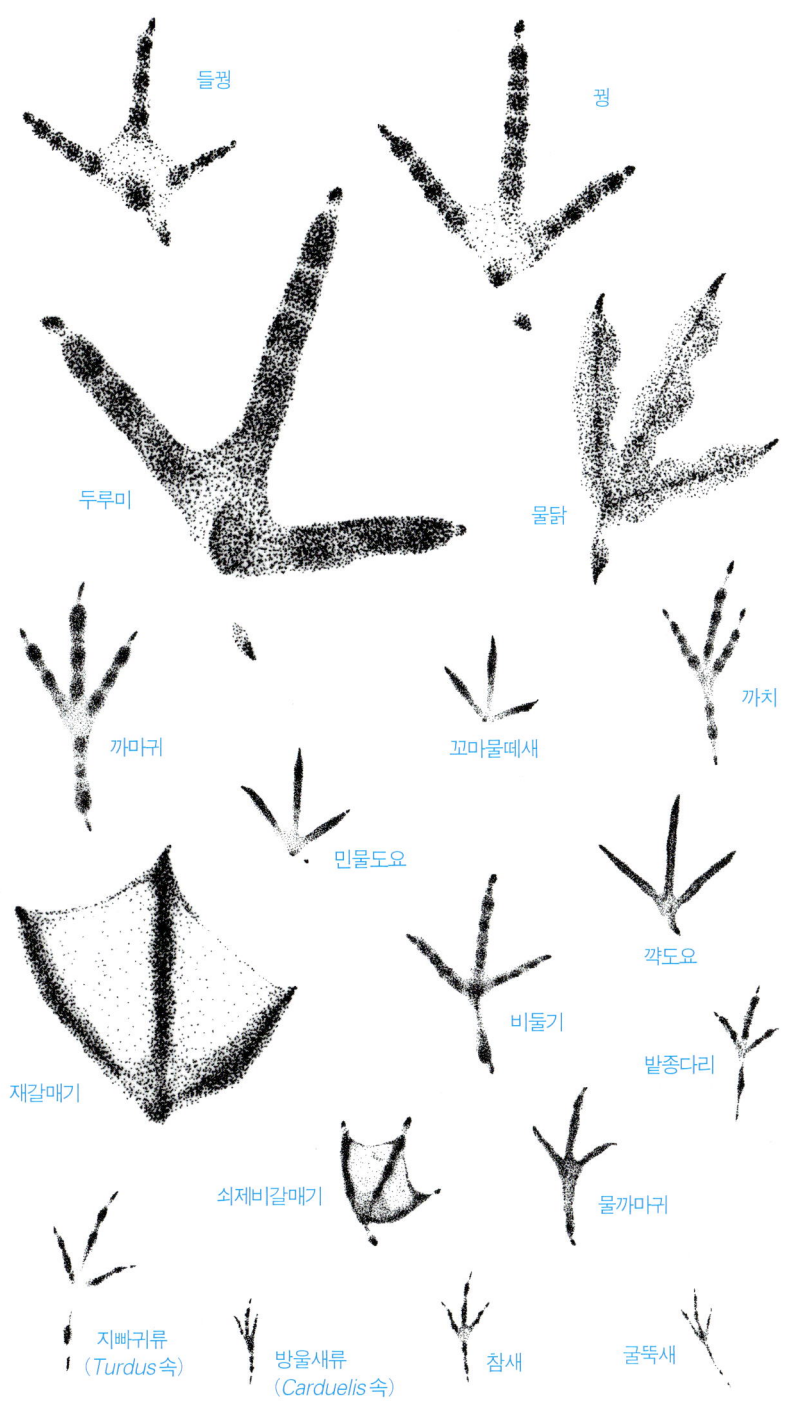

야생동물의 똥 모음

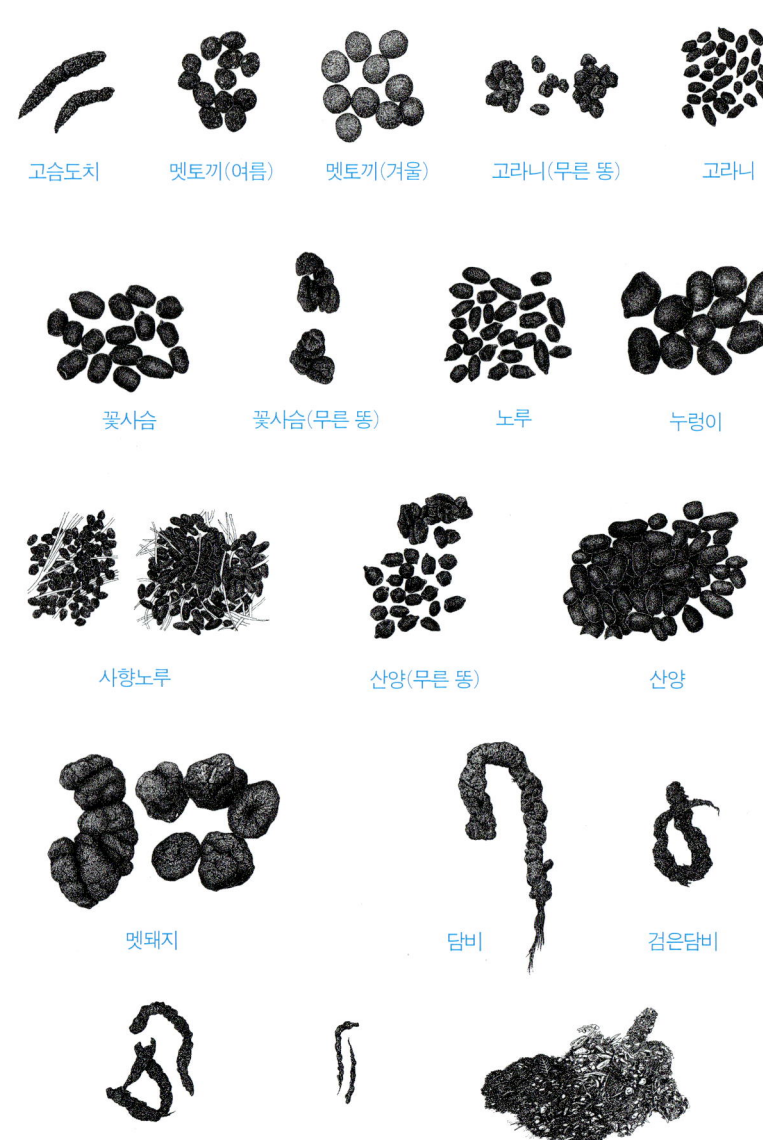

야생동물의 똥 모음 293

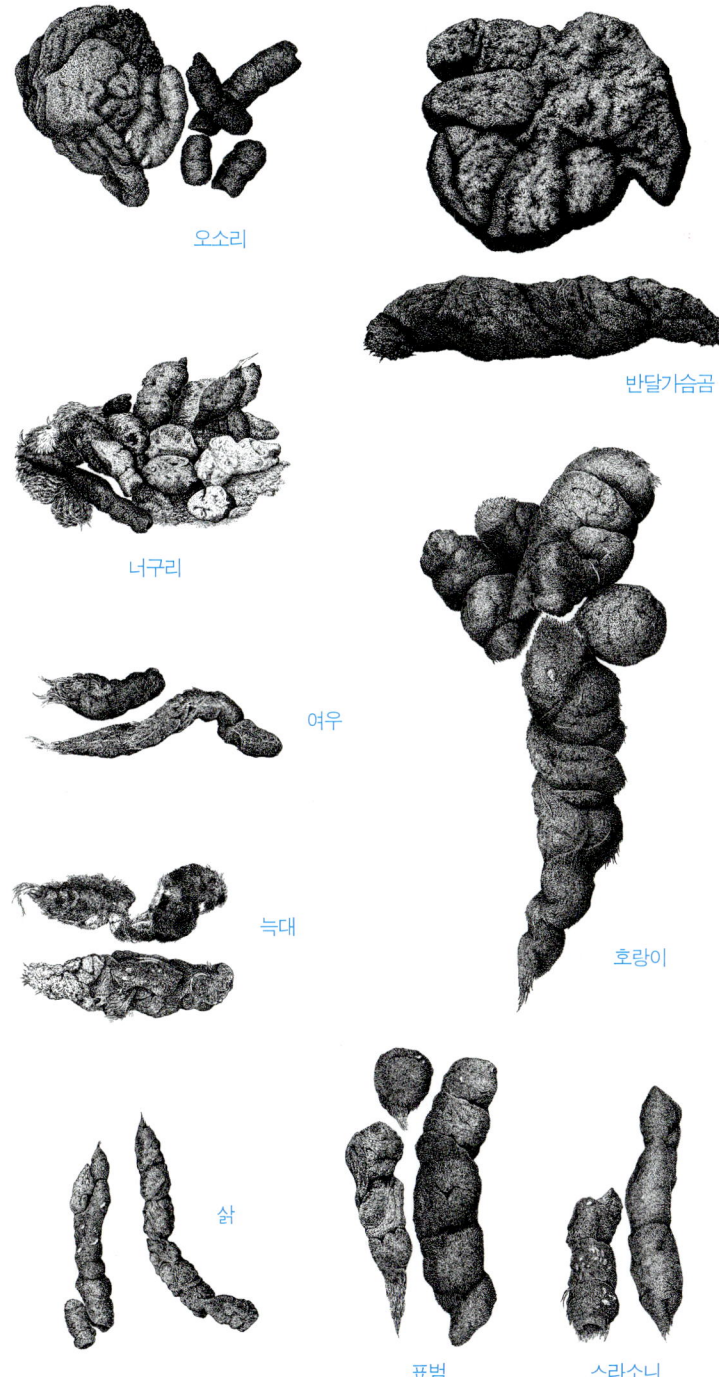

야생동물의 털 모음

야생동물의 털 모음 295

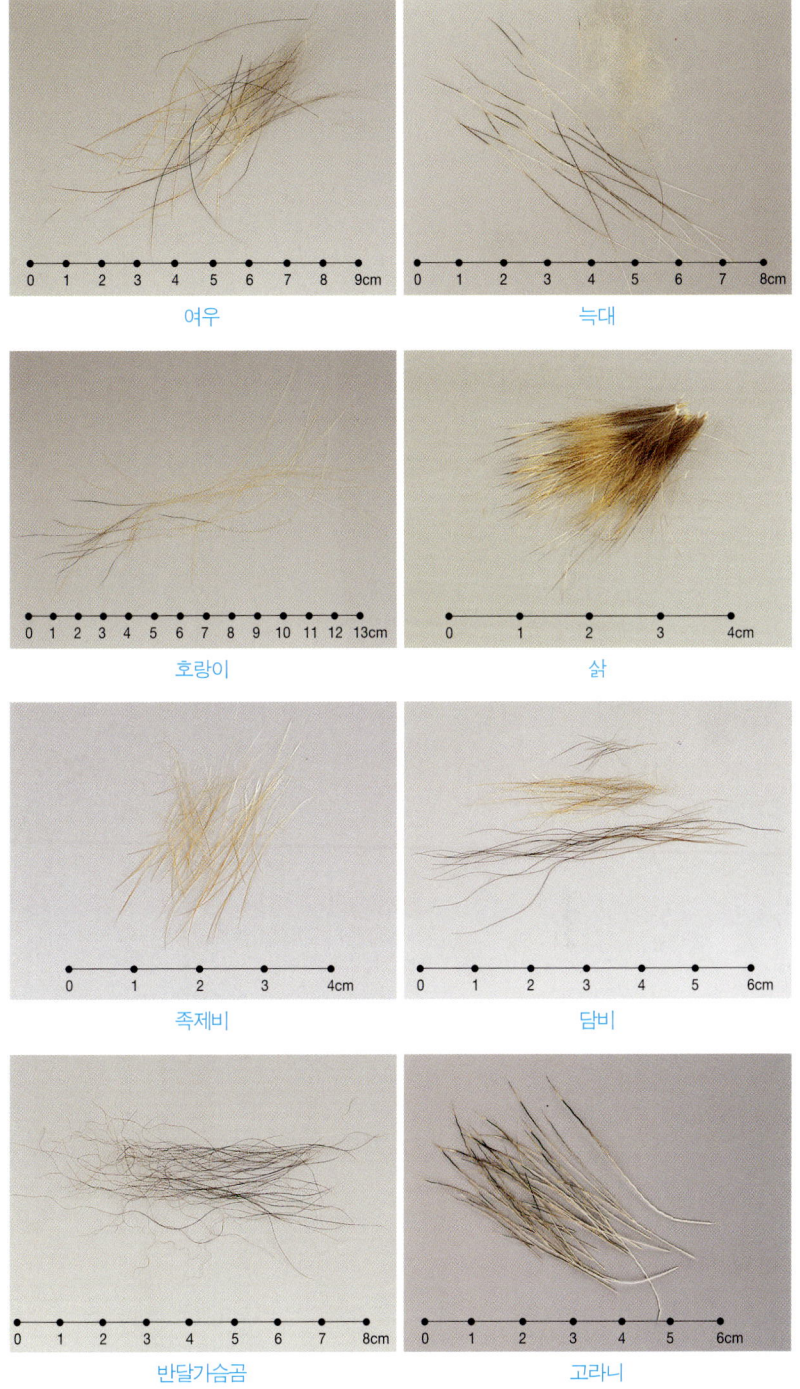

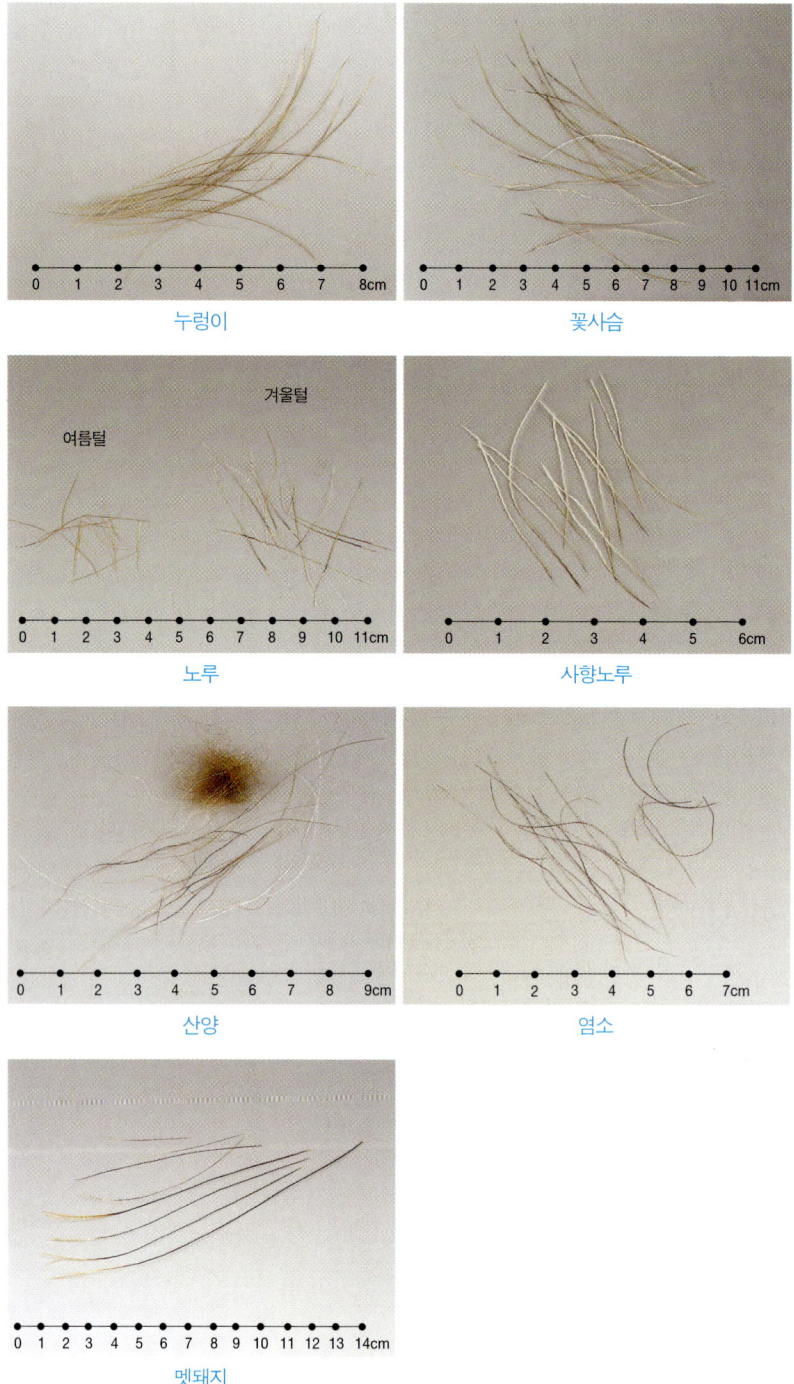

참고한 책과 사이트

- 구태회·박진영·이우신, 『한국의 새 – 야외원색도감』, LG상록재단, 2000.
- 김장근·오홍식·윤명희·한상훈, 『한국의 포유동물』, 동방미디어, 2004.
- 라이얼 왓슨 지음, 이한기 옮김, 『코 – 킁새를 맡는 또 하나의 코, 야콥슨 기관』, 정신세계사, 2002.
- 베른트 하인리히 지음, 강수정 옮김, 『동물들의 겨울나기』, 에코리브르, 2003.
- 스티븐 밀스 지음, 이상임 옮김, 『호랑이 – 지상 최고의 맹수를 쫓은 9,000여 일간의 기록』, 사이언스북스, 2006.
- 스티븐 부디안스키 지음, 이상원 옮김, 『고양이에 대하여』, 사이언스북스, 2005.
- 신디 엥겔 지음, 최장욱 옮김, 『살아 있는 야생』, 양문, 2003.
- 양병국, 「한국산 산양의 분류, 생태 및 개체군 현황」, 충북대학교 대학원 박사논문, p.136, 2002.
- 원홍구, 『조선짐승류지』, 과학원출판사, 1968, 평양.
- 유리 시브네프, 『표범의 자취를 찾아』, 쁘리아무르스키에 웨도모스찌 출판사, 하바로프스크, 2000.
- 유병호, 『저 푸름을 닮은 야생동물』, 다른세상, 2000.
- 윤명희, 『야생 동물』, 대원사, 1993.
- 조장혁, 「한반도의 대형 맹수들」, 2002(미출간, 야생동물소모임 자료실).
- 최태영·박종화, 「농촌 지역의 너구리 행동권」, *Journal of Ecology and Field Biology*, 29(3): 259~263, 2006.

- Bang, P. & Dahlstrøm, P., *Animal Tracks and Signs*, Oxford University Press, 2001.
- Brown, R. W., Lawrence, M. J. & Pope, J., *Animals: Tracks, Trails & Signs*, Reed INternational Books, London, 1992.
- Elbroch, Mark with Marks, Eleanor, *Bird Tracks & Sign : A Guide to North American Species*, Stackpole Books, Mechanicsburg, Pennsylvania, 2001.
- Elbroch, Mark, *Mammal Tracks & Signs: A Guide to North American Species*, Stackpole Books, Mechanicsburg, Pennsylvania, 2003.
- Grzimek, B. edt., *Grzimek's Encyclopedia of Mammals*, McGraw-Hill Publishing Company,

New York, 1990.

- Hanski, I. K., Stevens, P., Ihalempi P. & Selonen, V. "Home-range size, movements and nest-site use in the Siberian flying squirrel, Pteromys volans", *Journal of Mammalogy*, 81: 798~809, 2000.
- Heptner, V. G., Sludskii, A. A., *Mammals of the Soviet Union, Vol II Carnivora(hyenas and cats)*, Smithsonian Institution Libraries and The National Science Foundation, Washington DC, 1992.
- Koh, H.S., Chun, T.Y., Yoo, H.S., Zhang, Y.-P., Wang, J., Zhang, M. & Wu, C.-H., "Mitochondrial cytochrome b gene sequence diversity in the Korean hare, Lepus coreanus Thomas (Mammalia, Lagomorpha)", *Biochemical Genetics*, 39, 417~429, 2001.
- Louise R. Forrest, *Field Guide To Tracking Animals in Snow*, Stackpole Books, Mechanicsburg, Pennsylvania, 1988.
- Myers, Philip, *Mammals: An Explore Your World Handbook*, Discovery Books, 2000.
- Myslenkov A. I. and I. V. Voloshina, *Ecology and behaviour of the Amur goral*, Nauka, Moscow In Russian, 1989.
- Rabinowitz, A., "Notes on the behavior and movements of leopard cats, Felis bengalensis, in a dry tropical forest mosaic in Thailand", *Biotropica*, 22: 397~403, 1990.
- Seidensticker, John, Christie, Sarah and Jackson, P. edt., *Riding the Tiger*, Cambridge University Press, 1999.
- Selonen, V., Hanski, I. K. & Stevens, P. C., "Space use of the Siberian flying squirrel Pteromys volans in fragmented forest landscapes", *Ecography*, 24: 588~600, 2001.
- Sheffield, J. R. and King, C. M., "Mustela nivalis, Mammalian Species", *The American Society of Mammalogists*, p.454, 1994.
- Takada, T., Kikkawa, Y., Yonekawa, H., Kawakami, S. and Amano, T., "Bezoar (Capra aegagrus) is a matriarchal candidate for ancestor of domestic goat (Capra hircus): evidence from the mitochondrial DNA diversity", *Biochem Genet*, 35, 315~326, 1997.
- Whitaker, J. O., *National Audubon Society Field Guide to North American Mammals*, Alfred A. Knopf, New York, 1996.
- 門崎允昭, 『野生動物痕迹學事典』, 北海道出版企劃センター, 1996
- アーネスト トンプソン シートン, 『美術のためのシートン動物解剖圖』, マール社, 1997.

- http://animaldiversity.ummz.umich.edu/site/index.html (미시건대학교 동물학 박물관)
- http://www.sandiegozoo.org/ (샌디에이고 동물원)
- http://www.si.edu/ (스미스소니언 박물관)
- http://www.yasomo.net/ (야생동물소모임)

학명 찾아보기

Canis lupus 늑대 122
Capra hircus 염소 229
Capreolus pygargus 노루 210
Cervus elaphus 누렁이 207
Cervus nippon 꽃사슴 201

Erinaceus amurensis 고슴도치 70
Felis silvestris 고양이 148

Hydropotes inermis 고라니 193

Lepus coreanus 멧토끼 97
Lutra lutra 수달 171
Lynx lynx 스라소니 141

Martes flavigula 담비 167
Meles meles 오소리 161
Moschus moschiferus 사향노루 217
Mustela nivalis 쇠족제비 158
Mustela sibirica 족제비 153

Nemorhaedus caudatus 산양 222
Nyctereutes procyonoides 너구리 110

Ochotona hyperborea 생토끼 103

Panthera pardus 표범 136
Panthera tigris 호랑이 130
Prionailurus bengalensis 삵 144
Pteromys volans 하늘다람쥐 85

Sciurus vulgaris 청설모 78
Sus scrofa 멧돼지 234

Tamias sibiricus 다람쥐 82

Ursus arctos 불곰 188
Ursus thibetanus 반달가슴곰 179

Vulpes vulpes 여우 117

찾아보기

ㄱ

갈밭쥐 67, 90, 93
개 18, 19, 21, 31, 34, 45, 58, 106, 108, 109, 111, 117, 124, 127, 128, 135, 152
개개비 264
개과 21, 24~28, 45, 67, 106, 108, 109, 110, 117, 120, 122, 124, 128, 135
갯첨서 67, 69
검은댕기해오라기 55, 274
고라니 22, 25, 26, 28, 31, 42, 46, 51~54, 59, 60, 67, 110, 115, 193~200, 205, 206, 210, 211, 214, 216, 218, 220, 221, 223
고슴도치 18, 67, 70~72
고슴도치과 67, 68, 70
고양이 148, 150
고양이과 24, 25, 27, 28, 31, 67, 106, 109, 127, 128, 137, 142, 144, 148
곤줄박이 264
곰과 67
곰쥐 90, 93
곰 → 반달가슴곰 177
굴뚝새 263
굴토끼 96, 97
귀제비 267
금눈쇠올빼미 262
기러기 256, 259
까마귀 254
까막딱따구리 271
까치 55, 81, 247, 249~251, 264, 266, 273, 274, 280
꺅도요 254
꼬까도요 251
꼬마물떼새 266, 274
꽃사슴 20, 67, 122, 132, 140, 201~204, 206~209, 213, 215
꿩 144, 156, 247~249, 251, 257, 266, 268, 272, 273, 278, 279

ㄴ

남생이 39
너구리 20~22, 26, 27, 40, 42~44, 58,

58, 60, 61, 67, 106~116, 122, 124, 126, 128, 132, 135, 136, 161, 162, 165, 166, 172, 253
노란목도리담비 → 담비 167
노랑턱멧새 253
노루 19, 20, 22, 23, 28, 51, 53, 58~60, 67, 94, 122, 136, 141
누렁이 67, 201, 204, 207~209, 215
늑대 19, 34, 46, 67, 107~109, 122~126, 202, 208

ㄷ

다람쥐 36, 67, 78, 79, 81~84
담비 37, 44, 45, 67, 72, 81, 106, 121, 152, 167
대륙목도리담비 → 담비 167
대륙밭쥐 67, 89, 90, 93
대륙사슴 → 꽃사슴 201
도요류 252
독수리 254, 278, 279
두더지 67, 69, 73~75
두더지과 67, 68, 73
두루미 247
들꿩 141, 156, 245~257, 272, 278, 279
들쥐류 56, 91
등줄쥐 67, 68, 89~91, 160
딱따구리 85, 86, 270
딱새 262
땃쥐 67~69
땃쥐과 68
땅강아지 75

ㅁ

말 22, 34, 126, 192
말사슴 → 누렁이 207
말똥가리 279
말사슴 207
말조개 248
맹금류 70, 72, 105, 256, 273, 275
메추라기 273, 276, 278, 279
멧돼지 21, 23, 25, 26, 28, 35, 43, 52, 54, 55, 62, 67, 93, 130, 136, 137, 163, 180, 183, 184, 186, 192, 208, 223, 234~238, 240~242
멧밭쥐 67, 89, 90
멧비둘기 55, 81, 247, 249, 255, 256, 260, 264, 279
멧새 253
멧새류 253
멧토끼 36, 37, 42, 51~53, 61, 62, 67, 92, 95~103, 105, 117, 122, 141, 143, 168, 170
무산쇠족제비 → 쇠족제비 158
물까마귀 256, 258
물까치 273
물총새 267

ㅂ

박새 260
박쥐목 67, 69
반달가슴곰 21, 52, 67, 106, 107, 130, 139, 140, 177~181, 183, 187, 188, 190, 191

반달곰 → 반달가슴곰 179
백두산사슴 → 누렁이 207
범 → 호랑이 130
북방토끼 95
불곰 67, 106, 177, 178, 188~191, 208
불곰 188
붉은머리오목눈이 266
붉은배새매 258, 267, 276
붉은사슴 → 누렁이 207
비둘기 247, 256
뻑뻑도요 252

ㅅ

사슴 → 꽃사슴 201
사슴과 22, 42, 45, 52, 53, 59, 67, 193, 199, 201, 206, 207, 210, 213, 222
사향노루 23, 51, 67, 86, 136, 141, 168, 196, 205, 217~221
산양 44, 51, 53, 61~63, 67, 86, 122, 130, 136, 197, 204, 205, 213, 218, 221~228, 230, 232, 233
살쾡이 → 삵 144
삵 22, 26, 27, 31, 40~42, 44, 49, 50, 55, 61, 67, 106, 107, 121, 128, 133, 135, 136, 139, 142~150, 167
새매 278, 279
새홀리기 261, 266
생쥐 67, 90
생토끼 67, 95, 103~105
생토끼과 67, 95, 103
설치류 18, 21, 24, 28, 37, 42, 52, 54, 56, 57, 76, 80, 86, 88, 89, 91~94,

97, 144, 152, 159, 167, 170, 246, 275
설치목 24, 67, 76, 78, 81, 82, 85
소쩍새 55, 264, 274
쇠백로 248, 252, 253
쇠오리 277
쇠유리새 267
쇠족제비 106, 152, 158~160
수달 28, 30, 43~45, 55, 67, 106, 112, 113, 152, 168, 169, 171~176, 274
수리부엉이 70, 258, 262, 279
스라소니 20, 67, 128, 141~143, 218
시궁쥐 24, 26, 89, 90, 91, 93
시베리아노루 210
식분성(食糞性) 42, 96
식육목 67, 106, 107, 110, 117, 122, 130, 136, 141, 144, 148, 153, 158, 161, 167, 171, 177, 179, 188
식충목 21, 67~70, 73
쏙독새 279

ㅇ

아종(subspecies) 67, 136, 193
알락할미새 252
어치 80, 270, 273, 280
여우 25, 28, 35, 44, 67, 107, 108, 117~121, 124, 128, 132
염소 53, 54, 62, 63, 204, 215, 225, 228~233
오리류 247, 250
오목눈이 263, 273
오소리 19~21, 26, 28, 44, 60, 61, 67,

70, 106, 107, 113, 114, 152, 161~166
왜가리 262, 277
우는토끼 → 생토끼 103
우제목 22, 67, 192, 193, 201, 207, 210, 217, 222, 229, 234
유럽노루 210
육식동물 41~43, 51, 53, 54, 97, 130, 136, 141, 158

ㅈ

제주등줄쥐 89
조류 66, 88, 101, 244
족제비 25~28, 36, 37, 41, 44, 45, 67, 80, 106, 107, 121, 152~157, 159, 160
족제비과 21, 24, 45, 67, 106, 107, 127, 152~154, 158, 161, 166~168, 170, 171
종 분화(speciation) 67
쥐토끼 → 생토끼 103
직박구리 260, 272
집쥐(시궁쥐) 67
집토끼 96, 97
찌르레기 264

ㅊ

참새 251, 268, 269, 280
청둥오리 249, 277
청딱따구리 87
청서 → 청설모 78
청설모 36, 57, 67, 76, 78, 80~83

청설모과 78, 82, 85
초식동물 35, 41~43, 51~53, 61, 97, 197, 207

ㅋ

큰곰 → 불곰 188
큰기러기 259
큰말똥가리 255
큰소쩍새 244
큰오색딱따구리 270, 279

ㅌ · ㅍ

토끼과 67, 95~97
토끼목 67, 95~97, 103
티 245, 260~262
포유류 20, 40, 43, 54, 55, 66, 68, 76, 78, 82, 85, 88, 110, 244, 247, 255, 262, 273, 274
표범 19, 44, 67, 107, 135~140, 142, 143, 202
펠릿 → 티 245, 261

ㅎ

하늘다람쥐 67, 78, 81, 85~87, 220
해오라기류 246
호랑이 19, 44, 67, 107, 122, 130~137, 139, 140, 142, 151, 179, 181, 202, 208, 209
황조롱이 104, 105, 261
흑두루미 259
흰넓적다리붉은쥐 30, 67, 90, 91, 285
흰뺨검둥오리 248